會開瓦斯就會煮

美味99分+
成就感100分

看著象廚大大在網路平台分享的料理

好多好多都是我愛吃的（流口水）

不僅看起來美味，連擺盤都有設計

更激起想跟著動手做的慾望

這絕對是你我手邊必備的工具書!!!

獻給所有支持我的人

　　「再累都值得」！每晚最期待也最喜歡的就是看著粉絲跟著食譜，一步步完成美味料理，得到親友讚賞後的反饋！看著每個人用心製作的成品，料理成功時開心的樣子，深深地覺得能將所學回饋給社會，真的是生命中最有意義的事，感謝大家長期以來的支持與回饋，這些都是我能持續出好菜，經營下去的養分及原動力！

　　撰寫這本書的出發點，是因為自己很渴望做一本全臺灣最實用、最美味的家常料理食譜，做一本貼近日常生活的菜，讓人看了曾有親切感的那種！我認為「一本好的食譜不該是讓大家欣賞你有多厲害，而是要讓每個人能跟著食譜，做出一樣甚至更好吃的料理」！因此我的食譜不會有難以取得的材料、不會有艱深難懂的文字、更不會有太特殊非一般人平日會想吃的料理！所以不論你是剛踏進廚房的新手，或是稍微會煮但又想學更多的朋友，這本書都非常適合做為入門工具書唷！

　　「料理沒有好壞，只要家人或是重要的人覺得好吃，就是 100 分的菜」，這是我一直以來的信念，誠摯地想跟閱讀本書的每個人說你們都是最棒的，相信大家看完書都能輕鬆出好菜，讓家裡的餐桌多一點溫度，讓自己多了一份成就感！

　　最後，特別想感謝一路上最支持我的凱西和她的家人們，沒有妳們就沒有今天的我！也要感謝野人文化給了我這次機會，讓我圓夢出了第一本食譜書！還有感謝我的家人及朋友們給予的各種幫助，最最最讓我喜出望外地，就是得到從學生時期就喜歡到現在的郭靜推薦，謝謝妳送給我的圖文手稿，實在太有才了，收到的當下我已默默決定要拿來當傳家之寶了 XD

　　要感謝的人太多了，在這就不一一唱名了，希望收到書的每個人都能喜歡並且愛上下廚唷！

大象主廚

目錄
CONTENTS

推薦者 | P.006
作者序 | P.007

Part 1 象廚開煮小講堂 新手看過來

如何挑選食材：常用肉類大解析 | P.014
如何挑選調味料：象廚調味料開箱分享 | P.017
工欲善其事、必先備齊料：各式刀工教學 | P.022
進入料理前你該知道的10個細節 | P.030

Part 2 料理新手速成班 3種調味料 ×6 步驟

1 可樂雞翅 | P.042
2 香煎蒜味美乃滋雞塊 | P.044
3 金菇肉絲 | P.046
4 蔥爆松阪豬 | P.048
5 奶油蒜蝦 | P.050
6 蒜塔野菇炒蝦 | P.052
7 酒蒸蛤蠣 | P.054
8 椒鹽杏鮑菇 | P.056

Part 3 無油煙料理　健康新提案：輕鬆上手健康吃

1 涼拌小黃瓜｜ P.060
2 醋溜雲耳｜ P.062
3 涼拌杏鮑菇拌雞絲｜ P.064
4 紹興醉雞｜ P.066
5 水晶油雞｜ P.068
6 鹹水雞｜ P.070
7 花雕醉蝦｜ P.072
8 五味透抽｜ P.074
9 黃金泡菜｜ P.076
10 涼拌海蜇皮｜ P.079
11 台式泡菜｜ P.080

Part 4 15 分鐘成就一餐　牛肉・豬肉・雞肉・海鮮・其他

1 日式泡菜牛丼 P.084
2 台式肉絲炒麵 P.086
3 韓式炸醬麵 P.088
4 台式炸醬麵 P.090
5 義式培根蛋汁義大利麵 P.092
6 日式親子丼 P.094
7 日式照燒雞腿丼 P.096
8 日式雞肉炒烏龍麵 P.098
9 麻油雞高麗菜飯 P.100
10 香辣番茄雞肉義大利麵 P.102
11 泰式綠咖哩雞 P.104
12 蝦仁炒飯 P.106
13 府城蝦仁飯 P.108
14 白酒蛤蠣義大利麵 P.110
15 蒜辣鮮蝦義大利麵 P.112
16 古早味麻油乾拌麵 P.114
17 韓式泡菜鍋 P.115
18 番茄雞蛋麵 P.116
19 金沙絲瓜麵線 P.118

粉絲最愛

親友必點

Part 5　30 分鐘噴香家常料理　肉類海鮮篇

1 滑蛋牛肉 P.122

2 沙茶牛肉 P.124

3 蔥爆牛柳 P.126

4 黑胡椒牛柳 P.128

5 泰式打拋豬 P.130

6 麻油菇菇松阪豬 P.132

7 蒸瓜仔肉 P.134

8 豆乾肉絲 P.136

9 古早味排骨 P.138

10 泰式椒麻雞 P.140

11 麻油雞 P.142

12 三杯雞 P.144

13 宮保雞丁 P.146

14 糖醋雞丁 P.148

15 鮮蝦粉絲煲 P.150

16 滑蛋蝦仁 P.152

17 蒜蓉粉絲蒸蝦 P.154

18 鳳梨蝦球 P.156

19 西班牙蒜蝦附法式魔杖 P.158

20 塔香蛤蠣 P.160

21 三杯中卷 P.162

22 泰式檸檬魚 P.164

23 紅燒午仔魚 P.166

24 蟹黃豆腐煲 P.168

親友必點

主廚推薦

Part 6 30 分鐘噴香家常料理 ── 蛋豆蔬菜料理篇

1 麻婆豆腐 P.172
2 紅燒豆腐 P.174
3 金沙杏鮑菇 P.176
4 鹹蛋苦瓜 P.178
5 樹子炒水蓮 P.180
6 金菇豆皮 P.182
7 美式炒蛋 P.183
8 番茄滑蛋 P.184
9 螞蟻上樹 P.186
10 塔香茄子 P.188
11 太陽蛋 P.190
12 水波蛋 P.192
13 溏心蛋 P.194
14 溫泉蛋 P.195
15 日式茶碗蒸 P.196
16 韓式陶鍋蒸蛋 P.198

Part 7 60 分鐘淬鍊的好滋味 ── 用時間換取的美味

1 香滷牛腱 P.202
2 紅燒牛肉麵 & 燴飯 P.204
3 香滷雞腿 P.206
4 台式滷爌肉 P.208
5 蒜頭蛤蠣雞湯 P.210
6 剝皮辣椒雞湯 P.212
7 上海菜飯 P.214
8 扁魚白菜滷 P.216

Part 1

象廚開煮小講堂

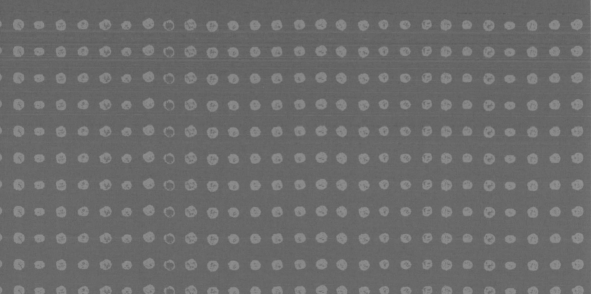

- 如何挑選食材：常用肉類大解析
- 如何挑選調味料：象廚調味料開箱分享
- 工欲善其事、必先備齊料：各式刀工教學
- 進入料理前你該知道的 10 個細節

如何挑選食材
常用肉類大解析

挑選各式肉類請注意以下幾點：

1. 以顏色偏紅為主，不可挑選顏色偏褐色或紫色。
2. 按壓應能立即回彈而非凹陷。
3. 聞起來無異味。
4. 包裝容器底部無血水滲出。

① 牛肉

每 100 克牛肉脂肪含量：牛肋條 > 牛肩里肌 > 牛腱。

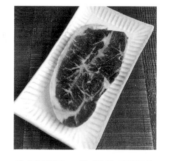

牛肋條：肋骨間的條狀肉，帶筋膜及豐富油脂，適合用於燉煮，如牛肉麵。

牛肩里肌：位於牛肩胛之肌肉，特色是中間有一條透明的嫩筋，纖維較粗、富有嚼勁，適合用於燉煮，如滷牛肉；另因價格適中，只要有斷筋處理亦適合熱炒，如黑胡椒牛柳。

牛腱：牛腿部一束束的肌肉，筋多、肉質硬實又佈滿牛筋，適合用於燉煮，如滷牛腱、牛肉麵。

② 豬肉

每 100 克豬肉脂肪含量：五花肉＞梅花肉＞大里肌肉＞胛心肉＞松坂肉＞小里肌肉。

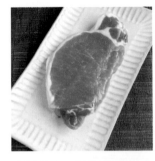

五花肉：皮、油、肉分層清楚，所以又被稱為「三層肉」，用途非常廣，料理方式很多元，適合做燒烤五花肉、炒回鍋肉、蒜泥白肉、滷爌肉或滷肉飯等料理。

梅花肉：不知道買什麼買梅花肉就對了！其屬於上肩胛肉，油脂分布均勻，有筋有肉，吃起來口感好，適合做絞肉、滷肉或切成火鍋肉片等料理。

大里肌肉：油脂偏少、肉質富咬勁，因為肉塊完整，只要有斷筋處理，適合做炸豬排或中式排骨。

胛心肉：與梅花肉相鄰屬下肩胛，肉質嫩且油脂含量少，適合做絞肉或各式肉絲料理。

松阪肉：豬脖子兩邊各一片的豬頭肉，一隻豬只能取兩塊，是整頭豬最珍貴的地方，故又稱黃金六兩肉，該部位有油脂帶嚼勁，適合做椒鹽松阪豬、蔥爆松阪豬、麻油松阪豬等料理。

小里肌肉（腰內肉）：全豬最嫩、熱量最低的部位，位於脊骨下與大排骨相連之瘦肉，適合做糖醋里肌或酥炸腰內肉。

15

③ 雞肉

每 100 克雞肉脂肪含量：雞三節翅 > 雞腿 > 雞胸 > 雞里肌肉。

雞三節翅：分為翅根、翅中及翅尖三部分，特色為肉少皮多，雞皮脂肪層較厚，適合做煎、烤、炸、滷雞翅，或將其去骨包明太子。

雞腿：整隻雞最多肉的部位，肉質嫩滑，口感結實，肉雞雞腿適合做煎、烤雞排、炒雞肉烏龍麵、日式炸雞塊等料理；仿土雞腿為土雞與肉雞的交配種，與肉雞相比肉質扎實有彈性，適合做各式雞湯料理，兩品種雞肉肉質天差地別，千萬不要使用錯誤唷！

雞胸肉：高蛋白質低脂肪，清爽不油膩，是追求健身之人熱愛的食材之一，適合做煎、烤雞胸肉或熱炒用的雞丁料理。

雞里肌肉：風味與雞胸肉相同，位於雞胸內側，每隻雞只有兩條，除去白筋膜後，口感更嫩於雞胸肉，適合做煎烤炸雞柳條，或熱炒用的雞丁料理。

④ 肉類保存方式

冷藏的基本保存期限，絞肉為 2 天，薄片肉為 3 天，肉塊及醃漬肉皆為 5 天；冷凍的基本保存期限，生肉及醃漬肉都是 30 天。

如何挑選調味料
象廚調味料開箱分享

① 基礎調味料

鹽：廚房必備調味料

白砂糖：用途最廣的糖類，本食譜沒特別註明皆是白砂糖。

冰糖：純度高，味道較白砂糖甘醇溫順。

② 醬油類

醬油：味道甘甜不死鹹。

蔭油膏：黑豆釀製，充滿古早味。

香菇素蠔油：用法同蔭油膏，帶有鮮味。

③ 醋類

白醋：清澈透明、酸味足。

烏醋：帶果香有層次感。

4　油脂類

奶油：熱炒類使用有鹽無鹽皆可，影響不大。

芥籽油：一般炒菜用，本食譜未特別註明的油皆是使用之。

黑麻油：臺式料理必備古早味。

冷壓特級純橄欖油：製作西式料理用。

韓式芝麻油：純度高、香氣足可取代香油。

kara佳樂椰漿：製作東南亞料理用。

5　酒類

紅標料理米酒：去腥增香用，台式料理必備！

陳年紹興酒：黃酒的一種，帶有特殊香氣。

料理白葡萄酒：製作西式料理用。

花雕酒：與紹興酒同為黃酒，味道及香氣不同。

6 辛香料 & 風味調味料類

黑胡椒原粒：各式料理增香提味用，可自由調整粗細度。

粗粒黑胡椒：菜品要使用大量黑胡椒用（如：黑胡椒牛柳）。

五香粉：滷味增香用。

洋香菜粉：菜品裝飾用。

白胡椒粉：各式料理增香提味用。

義大利進口切丁罐頭：西式番茄類料理用，味道濃郁有別於牛番茄。

雞粉：中式料埋提味用。

鰹魚粉：中日式料理提味用。

味醂：日式料理甜味來源。

西班牙煙燻紅椒粉：本書用於西班牙蒜蝦（P.159）。

韓式細辣椒粉：韓式料理增加顏色及辣度用。

魚露：本書用於打拋豬（P.131）。

7 醬料類

韓式中華春醬：本書用於韓式炸醬麵。（P.89）

綠咖哩醬：本書用於綠咖哩雞。（P.105）

番茄醬：台式料理配色及增加酸甜度用。

辣豆瓣醬：滷味或熱炒皆可用，鹹大於辣。

陳年豆瓣醬：本書用於台式炸醬麵。（P.91）

甜麵醬：本書用於台式炸醬麵。（P.91）

沙茶醬：除了做火鍋沾醬，用於熱炒可增加香氣

素沙茶醬：本書用於金菇豆皮。（P.182）

8 中藥材

枸杞：清肝明目，增加甘味或做配色使用。

八角：性溫味辛，可去腥增香。

紅棗：護肝補氣，增加甘味。

川芎：袪風活血，性溫味辛。

花椒粒：去腥增香用，用油炒過有麻感。

月桂葉：又稱除臭香草，去腥用。

黃耆：強身益氣，性溫味甘。

當歸：補氣活血，苦中帶甘。

9 粉類

玉米粉：勾芡或上乾粉使用，可用太白粉代替。

地瓜粉：勾芡或上乾粉使用，勾芡濃度較高，上乾粉有明顯顆粒狀。

工欲善其事、必先備齊料
各式刀工教學

① 如何拿刀與切割

捏握法：手握刀柄，食指與大拇指捏住刀背。（此握法可有效提昇切割穩定度）

推刀法：左手手指微彎頂住刀背壓住原料，使其平穩不滑動，切割時刀刃進入原料後，將刀向前推至材料斷裂。

② 基礎刀工

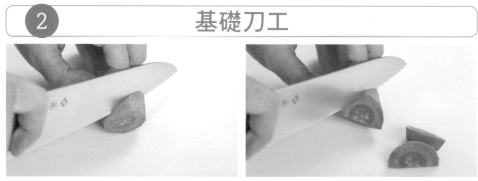

滾刀塊：45度斜切一口大小，刀不動只轉動食材，看到切面從中間切下，重複數次。

切條：取長條塊狀食材，依序切寬1cm厚片，再切寬1cm長條。

切丁：將1cm長條擺好，切成長、寬、高1cm方丁。

切片：取5cm長度，將刀子斜劃入食材切出0.3至0.5cm之薄片。

切絲：將薄片交疊並稍微錯開，從邊緣下刀切絲。

切蔥段：取5至6cm長度（可用小姆指測量），將刀子劃入食材切成段。

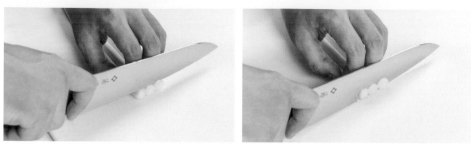

切蔥花：左手手指微彎頂住刀背，右手握刀前推切細碎。

切蔥白絲：蔥白取5cm段，從中間劃開，將其攤平後，左手按住蔥白避免滑動，並從邊緣切出細絲。

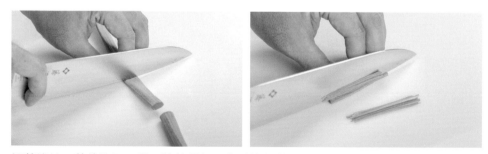

切蔥綠絲：蔥綠取5cm段，將其疊起，左手按住蔥綠避免滑動，並從邊緣切出細絲。

切高麗菜絲：將高麗菜一片片疊起，從邊緣開始切細絲。

切蒜末：先用刀背將蒜頭壓扁再切細碎。

切蒜片：蒜頭去蒂頭，橫切0.3cm薄片。

切洋蔥絲（順紋切）：刀子與洋蔥的紋路呈現平行，此切法菜品較有口感適合熱炒。

切洋蔥末：洋蔥對半切，刀順著紋路劃入，留尾端一點點不切，接著左手壓住洋蔥，將刀水平切入，每刀間隔1cm，最後壓住洋蔥縱切成末。

25

香菇刻花

1 把刀傾斜45度劃入。

2 刀保持不動，香菇轉180度重複步驟1斜切第二刀。

3 重複步驟1、2。

4 十字型成品。

5 米字型成品。

③ 肉類切法

1 肉紋路呈現「川」字狀。

2 「逆著紋路」將肌肉纖維切斷，口感較軟嫩且容易咬斷。

④ 雞腿排處理法

1 去除多餘的脂肪，保持成品美觀。

2 去掉腳踝骨頭方便食用。

3 將較厚處劃開，一方面幫助均勻受熱，另一方面避免因加熱而縮起來。

5 蝦子處理法

蝦仁開背挑腸泥

1 蝦仁平放，刀沿蝦身保持水平劃入，切至蝦仁1/2深度。

2 去除腸泥即完成。

蝦子以刀開背

1 蝦子平放，刀沿蝦身保持水平劃入。

2 去除腸泥即完成。

蝦子以剪刀開背

1 刀尖戳入蝦肉。

2 沿著蝦背把蝦殼剪開。

3 挑去腸泥即完成。

挑腸泥

1 將牙籤戳入蝦第二節處。

2 往上輕勾去除腸泥即完成。

蒜蓉蝦專用平開法

1 剪去蝦頭。

2 輕壓蝦身平刀切入。

3 保持水平切至蝦尾前一節。

4 完成。

進入料理前
你該知道的 10 個細節

1 **使用器具**

平底不沾鍋

煎炒煮炸所有方式皆適用，備 1 人份料理可以選擇直徑 20cm 小鍋，備多人份可使用直徑 30cm 平底深煎鍋，不沾鍋材質無須開鍋、熱鍋、養鍋容易上手，食材不易沾黏及燒焦，但塗層脫落時就要更換。

30cm平底深煎鍋

20cm平底鍋

湯鍋

備 1 人份或簡單汆燙蔬菜可以選擇直徑 20cm 湯鍋，備多人份或煮義大利麵可使用直徑 28cm 湯鍋。

28cm湯鍋

20cm湯鍋

油炸鍋

直徑 20cm 小油炸鍋非常省油，且附溫度計可以準確掌握油溫。

20cm油炸鍋

② 計量單位

本書調味為科學量化方式，所有比例皆按通用量匙精準測量。

料理量匙。
1大匙：15cc
1小匙：5cc
1/2小匙：2.5cc
1/4小匙：1.2cc

蒜頭1瓣（5克）。

註：本書特別大的蒜頭會另外標示重量。

薑1塊（10克）。

註：本書未特別標示皆為老薑。

③ 如何抓醃

要怎麼替日常餐桌上的肉類料理加分呢？「抓醃」是最簡單的方法！
料理前多加這步驟，可除去肉腥味，還能讓肉更飽水，口感更滑順喔！

1 加入調味料。

2 攪拌均勻讓肉吸收醬料。

3 加入玉米粉形成保護層。

4 攪拌均勻後加油避免下鍋沾黏。

4 汆燙原則

帶骨食材記得一定要從冷水汆燙，中大火煮至微滾才能有效去除骨頭內血水與雜質，若滾水下鍋蛋白質受熱凝固，血水較難排出，至於不帶骨食材滾水汆燙即可。

5 火候大小

要煮好東西不燒焦，最基本的訣竅，就是明白如何分辨大、中、小、火的差別唷！

小火　　　中火　　　大火

1 小火：火焰低於鍋子，熱氣微弱適合燉煮。

2 中火：火焰剛好碰到鍋子，熱氣稍大，適合一般菜餚製作。

3 大火：火焰超過鍋底，熱氣強適合快速烹調。

6　高湯製作

人稱「醫師的方、戲子的腔、廚子的湯」，這裡的湯指的是高湯，其在烹飪中佔有重要的一席之地，本書將推薦兩款簡易家常高湯，幫助您將菜品風味升級！

雞高湯

1 雞胸骨冷水汆燙洗淨後，放入蔥、薑、50cc米酒及950cc水大火煮滾。

2 撇去浮沫避免成品有腥味。

3 不加蓋轉小火燉煮1小時即完成。

4 嫌麻煩者可使用市售雞高湯。

日式高湯

1 20克昆布浸泡於1000cc水中2小時，接著以中大火煮滾取出。

2 煮滾的湯汁加入40克柴魚片，中小火煮2分鐘，將柴魚片過濾即完成。

7 如何勾芡

建議水與玉米粉的最佳比例為 2：1，先將玉米粉和水在碗中攪拌均勻後下鍋，再用鍋鏟或湯杓持續攪拌、使其與湯汁快速混合成濃稠狀。

1 取 1 大匙 玉米粉。　2 加入2大匙水。　3 攪拌均勻。　4 於湯汁微滾時加入，有使湯汁濃稠之效果。

8 不沾鍋使用原則

1 不沾鍋乾燒會破壞表面塗層，必須放油後，使油佈滿鍋面再開火。　2 接著就可以放入食材拌炒了。（放入辛香料炒香稱「爆香」）

⑨ 義大利麵入門

義大利麵原料為杜蘭小麥，本身不易吸收湯汁，因此做義大利麵最重要的事情就是把湯汁乳化成濃稠醬汁，再讓麵去沾附醬汁才會有味道唷！

1. 煮麵

1 義大利麵膨脹率為2.2倍，一人份份量請抓100克（約10元硬幣大小）。

2 水裡加鹽（鹽份為水量1%）。

3 放入義大利麵。

4 大火煮麵（因後續還要拌炒，煮麵時間為包裝上建議時間減2分鐘，培根蛋汁麵例外，須煮至全熟）。

5 夾出備用。

6 若非即食，取出後須加橄欖油防沾黏。

2. 煮醬汁

1 辛香料爆香。

註：食材可於爆香前或爆香後加入，增添醬汁風味。

2 加入水分（白酒、高湯、煮麵水皆可）。

3 大火煮滾，乳化成濃稠醬汁，後續放入義大利麵拌炒，讓麵沾附醬汁。

註：乳化指的是油水完美混合的狀態。

3. 捲麵

1 將義大利麵整理好，將長夾單邊深入麵中。

2 順著同方向捲起。

3 將麵移至盤子中央。

4 順著同方向放下麵條。

5 最後順著同方向慢慢將夾子取出即完成。

10　滷味心法與保存

「3分滷7分泡」是滷味最重要的心法！開火加熱目的僅是讓食材軟化，後續要入味必須以浸泡方式泡至入味，因火源是一種壓力源，一直開火加熱非但不會入味，反而將導致食材肉汁不斷被釋放，成品吃起來乾柴無味且鬆散。

滷製前

滷味調味應於滷製前測試，鹹度要比喝湯再鹹一點，因滷製後水分蒸散，鹹度就會剛好。另外亦可從滷汁醬色深淺判斷鹹度。

滷製中

食材務必完全泡在滷汁中，才能均勻吸收滷汁精華，滷製一律以大火煮滾，再轉中小火或小火繼續保持微滾的狀態，至食材滷透即可關火（筷子戳有微微阻力但可輕易穿透），如此食材便不會因大火翻滾，導致過於破碎或水分流失太快而乾柴；另外會影響滷汁新鮮度與搶味的食材（如：豆製品、海帶、筍乾等），務必取適量滷汁單獨滷製，以免影響滷汁保存及風味，但若滷汁沒有要做第二滷、第三滷的打算則可以一起滷。

滷製後

關火後必須透過燜泡的步驟,才能使食材充分入味,這就是「3分滷7分泡」的意涵,也是滷味最重要的心法!

滷味／滷汁保存

滷味保存可裝入密封袋或保鮮盒中,放入冰箱「冷藏」保存;滷汁保存請先過濾辛香料,並將滷汁放涼後「冷凍」保存,下一次要滷的時候,重新做一鍋新的滷汁並將該老滷回放即可。

Part 2

料理新手速成班
3 種調味料 ×6 步驟

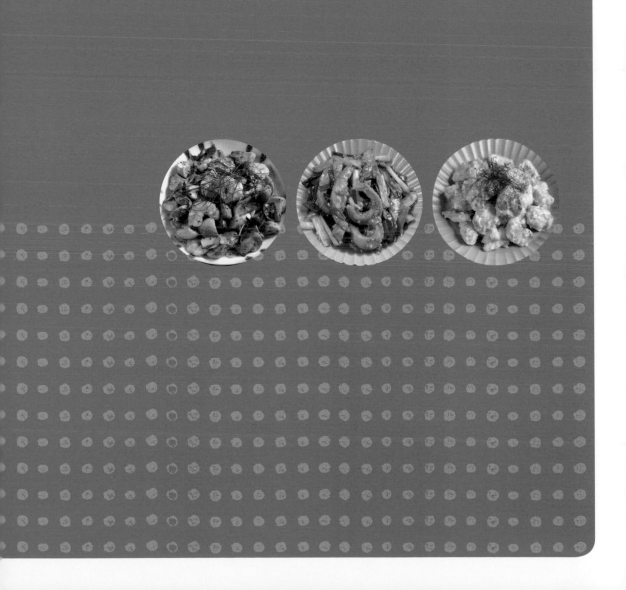

可樂雞翅

只要準備可樂跟雞翅就可以做好的料理，做為本書第一道菜真的是再適合不過！加可樂不但可省去加糖比例難抓的困擾，更可幫助肉質軟化，短時間就能燒出一鍋漂亮的雞翅，吃起來香甜入味，絕對是餐桌上的必備佳餚！

〔材料〕（2～4 人份）

雞二節翅…8 支　　　　調味料
蔥…2 根　　　　　　　醬油膏…2 大匙
薑片…2 片　　　　　　白胡椒粉…1/4 小匙
蒜頭…3 瓣
白芝麻…1 小匙
可樂…350cc

〔作法〕

1 雞翅背面用牙籤戳洞，
幫助入味。

2 鍋內下1大匙油，將雞
皮面朝下入鍋（小知識
❶）。

3 中大火煎至表面金黃後
翻面，接著下蔥、薑及
蒜頭爆香。

4 加入350cc可樂及調味
料，大火煮滾。

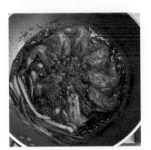

5 轉中火不蓋鍋蓋燒10
分鐘，將雞翅翻面後再
10分鐘。

6 起鍋前轉大火收汁至濃
稠，起鍋前撒上白芝麻
即完成（小知識❷）。

小知識

❶ 鍋子中間火源大，離火源近較易上色，烹調時請如圖擺放。
❷ 收汁至濃稠流動狀即可關火，冷卻後會再更濃稠，切勿收到
全乾否則容易燒焦。

香煎蒜味美乃滋雞塊

這道料理在 IG 上非常火紅，
蒜泥加美乃滋這驚為天人又霸道的風味，
保證一試成主顧！

〔材料〕（2 人份）

雞里肌肉…8 條（300 克）
低筋麵粉…100 克

雞肉醃料
米酒…1 大匙
鹽…1/2 小匙

蒜味沙拉醬
蒜頭…6 瓣（30 克）
沙拉醬…1 條（100 克）
水或檸檬汁…1 大匙

tips······
❶蒜頭磨成泥味道才能釋放，蒜碎不適合。
❷粉的部分用低、中、高筋麵粉、太白粉、玉米粉皆可。

〔作法〕

1 蒜頭磨成泥與沙拉醬及水（檸檬汁）攪拌均勻，雞肉抓醃15分鐘備用。

2 抓醃好的雞肉均勻撒上低筋麵粉（小知識❶）。

3 鍋內下3大匙油，以半煎炸方式，將雞肉煎至熟透。

4 煎好的雞肉先起鍋。

5 將鍋內的油擦掉，放入煎好的雞肉及蒜味沙拉醬，小火熱拌10秒即完成（小知識❷、❸）。

小知識

❶粉薄薄一層即可，切勿裹得太厚否則成品口感不佳。
❷務必注意鍋內絕對不能有油，否則成品上美奶滋會結成一塊一塊的很醜。
❸用小火、小火、小火！很重要所以説三次！

金 菇 肉 絲

透過煨煮金針菇跟肉絲，讓平淡無奇的水瞬間變成鮮美濃郁的肉湯，
再加上金針菇本身自帶勾芡效果，滑順的口感超級美味～
這盤配個兩碗飯絕不為過！

〔材料〕（2 人份）

金針菇…1 包（180 克）　　肉絲醃料　　　　　調味料
肉絲…80 克　　　　　　　醬油…1 大匙　　　　醬油…1 小匙
蔥…1 根　　　　　　　　米酒…1 大匙　　　　鹽…1/4 小匙
蒜頭…3 瓣　　　　　　　玉米粉…1/2 小匙
辣椒…1/2 根
水…30cc

〔作法〕

1 肉絲抓醃15分鐘、金
針菇切4～5公分段、
蔥切蔥花、蒜頭切末、
辣椒切圈備用。

2 鍋內下1大匙油，爆香
蒜末後，放入肉絲炒至
半熟。

3 接著加入30cc水及金
針菇。

4 蓋上鍋蓋中火煮至金針
菇軟化（約2分鐘），
開蓋後加入調味料拌炒
均勻。

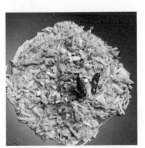

5 起鍋前撒入蔥花即完
成。

蔥爆松阪豬

松阪豬本身甜度夠，調味只需要香菇素蠔油提味即可，
相比其他蔥爆系列料理，容錯率非常高，相當適合新手挑戰！

〔材料〕（2 人份）

松阪豬…1 片（400 克）
蔥…2 根
蒜頭…4 瓣
辣椒…1 根

調味料

香菇素蠔油…3 大匙
米酒…3 大匙

〔作法〕

1 松阪豬逆紋切條、蔥白蔥綠分開切段，蒜頭切末、辣椒切圈備用（小知識）。

2 鍋內下1大匙油，中大火將松阪豬煎至7分熟（無明顯血色）。

3 接著爆香蔥白、蒜碎及辣椒。

4 再來下調味料。

5 燒至醬汁濃稠，下蔥綠拌炒均勻即完成。

—— 小知識 ——

松阪豬必須逆紋切才咬得動唷！可參考P.27肉類切法。

奶油蒜蝦

這道料理重點在於先煎出蝦油，有了蝦油就成功一半，
後續利用蝦油把蒜頭炒香，再將濃郁的奶油醬汁完整地包覆每一隻蝦，
絕對是下酒菜首選！

〔材料〕（2 人份）

白蝦…11 隻（依家境增減）
蔥…2 根
蒜頭…5 瓣
米酒…100cc（可換成雞高湯）
奶油…15 克

調味料

黑胡椒…1 大匙
鹽…1/4 小匙

〔作法〕

1 蝦子減去鬍鬚、蔥切蔥花、蒜頭切末備用。

2 鍋內下2大匙油，大火將蝦煎出蝦油（小知識）。

3 接著下蒜末爆香。

4 再來加入100cc米酒，大火滾煮30秒。

5 最後下奶油、蔥花及調味料，拌炒至醬汁濃稠即完成！

── 小知識 ──

蝦殼易吸油，油量請不要減少，否則炒不出蝦油，風味略差！

蒜塔野菇炒蝦

這道料理原本是餐酒館的招牌菜，經過改良後在家也能輕鬆出菜，
只要掌握菇類要大火快炒的小撇步，
即便是新手都能炒出美味的野菇料理唷！

〔材料〕（2 人份）

蘑菇…150 克（可更換成方便取得的其他菇類）
蝦仁…12 隻（依家境增減）
蒜頭…4 瓣
辣椒…1/2 根
九層塔…1 把（10 克）
橄欖油…2 大匙
米酒…1 大匙

蝦仁醃料
米酒…1 大匙
鹽…1/2 小匙

調味料
鹽及黑胡椒…各 1/4 小匙

〔作法〕

1 蘑菇1開4、蒜頭切片、辣椒切圈、九層塔洗淨擦乾、蝦仁抓醃10分鐘備用（小知識❶）。

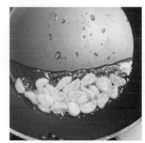

2 鍋內下2大匙橄欖油，放入蒜片小火煸至金黃（約5分鐘）取出備用。

3 承上，用剛煉好的蒜油，下蘑菇大火炒至上色（小知識❷）。

4 再來放入蒜片、蝦仁、辣椒及1大匙米酒，炒至蝦仁熟透後下調味料。

5 起鍋前加入九層塔，拌炒均勻即完成。

小知識

❶ 蘑菇太髒可用水稍微沖一下，但務必立馬擦乾（否則香氣容易喪失），不髒的話用廚房紙巾沾水，稍微擦拭即可。
❷ 菇類入鍋後先不要移動，待大火將一面煎上色後才可翻炒，因菇類容易出水，火太小會變成用煮的，這樣就炒不香囉！

酒蒸蛤蠣

這道料理是日式居酒屋常見的菜色,也是 2018 年分享的食譜被我列為第一名的料理,超過 300 位網友分享作品!因為作法簡單到不可思議,味道卻驚為天人,你無法想像醬油跟奶油居然是好朋友〜兩者相遇在蛤蠣鮮美的湯汁中,完美地把這道料理提升到了藝術的層次!

〔材料〕（3～4人份）

蛤蠣…400 克　　　　調味料
蔥…2 根　　　　　　醬油…1 小匙
蒜頭…4 瓣
辣椒…1/2 根
奶油…15 克
米酒…100cc

〔作法〕

1 蛤蠣吐沙洗淨、蔥切蔥
　花、蒜頭切末、辣椒切
　圈備用。

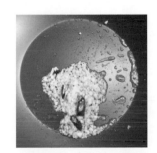

2 鍋內下1大匙油，爆香
　蒜末及辣椒。

3 飄香後放入蛤蠣及
　100cc米酒，蓋上鍋蓋
　大火煮至蛤蠣全開（約
　3分鐘）。

4 最後下1小匙醬油及奶
　油。

5 待奶油融化後撒上蔥花
　即完成！

椒鹽杏鮑菇

所謂「椒鹽」就是胡椒跟鹽，胡椒以白胡椒為主，黑胡椒為輔或不加亦可！
這道料理可以有千百種變化，希望剛下廚的朋友學會後，
可以自行變化食材做出各式椒鹽料理唷！

〔材料〕（2 人份）

杏鮑菇…2 根（200 克）
蔥…1 根
蒜頭…3 瓣
辣椒…1 根

調味料
鹽、白胡椒粉…1/4 小匙

〔作法〕

1 杏鮑菇滾刀切塊、蔥白蔥綠分開切蔥花、蒜頭切末、辣椒切圈備用。

2 鍋內下 1 大匙油，放入杏鮑菇。

3 大火煎至表面金黃且軟化取出備用（約 2 分鐘）（小知識）。

4 接著爆香蔥白、蒜末及辣椒。

5 起鍋前下蔥花及調味料，拌炒均勻即完成。

— 小知識 —

菇類入鍋後先不要移動，待大火煎上色後才可翻炒，因菇類容易出水，火太小會變成用煮的，這樣就炒不香囉！

Part 3

無油煙料理
健康新提案：輕鬆上手健康吃

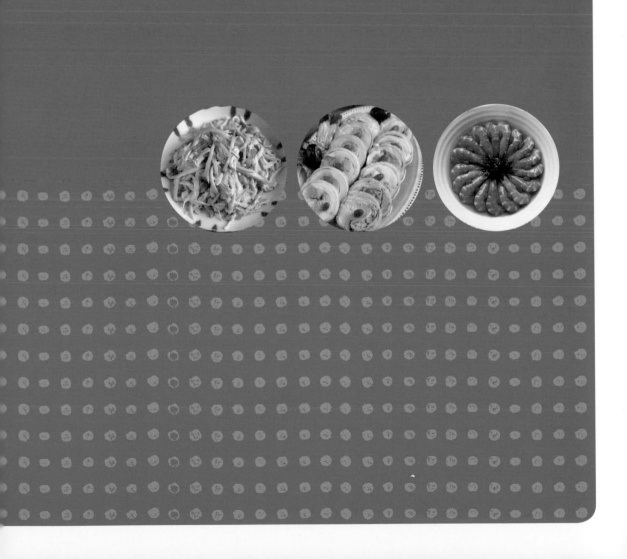

1

涼拌小黃瓜

經過醃漬後的小黃瓜,生味被去除,
取而代之的是其本身的清甜味,
再搭配微辣蒜香及酸甜適中的調味真的好好吃!

〔材料〕（3～4人份）

小黃瓜…4條
蒜頭…8瓣（40克）
辣椒…2根

調味料
鹽…2小匙（殺青用，之後調味
不必再放）
白糖…2大匙
白醋…2大匙
香油…1大匙

〔作法〕

1 蒜頭切末、辣椒切圈泡
水（小知識❶）。

2 小黃瓜去蒂頭，輕敲拍散（不要往死裡打），切
5～6cm段備用。

3 接著對切再對切成1/4。

4 小黃瓜均勻撒2小匙
鹽，抓拌均勻後靜置
30分鐘（小知識❷、
❸）。

5 30分鐘後倒掉澀水（此
步驟稱「殺青」）。

6 加入蒜末、辣椒及調味
料，攪拌均勻後冷藏
一晚即完成（小知識
❹）。

—— 小知識 ——

❶辣椒可以泡水降低辣味，或是對切去籽再切小
片。
❷撒鹽時可將全部黃瓜攤開，均勻撒上薄薄的鹽，
就不會因為拿捏不準鹽量而太鹹！
❸鹽千萬不要撒太多，太鹹很難救，太淡調味時可
以補。
❹冷藏可保存5～7天。

醋溜雲耳

黑木耳又稱雲耳，這道料理簡單易做，
推薦使用乾的小木耳，除了圓圓的很可愛之外，
吃起來比大木耳來得更脆口，保證會越吃越涮嘴！

〔材料〕（3～4 人份）

乾的小木耳…30 克
嫩薑…4 片（20 克）
辣椒…2 根

調味料
醬油膏…3 大匙
糖…1.5 大匙
白醋…3 大匙
香油…1 大匙

〔作法〕

1 乾木耳泡冷水泡開（約30分鐘）、嫩薑片切絲、辣椒切圈備用（小知識❶、❷）。

2 滾水汆燙木耳1分鐘，取出冰鎮5分鐘。

3 接著把木耳瀝乾，與薑絲、辣椒與調味料混合。

4 冷藏一晚即完成（小知識❸）。

小知識

❶ 用新鮮木耳可省去泡水的步驟。
❷ 用大木耳者泡開後要剝成適口小塊。
❸ 混合的時候要確認糖都化在醬汁中唷！

涼拌杏鮑菇拌雞絲

雞胸肉是非常棒的減脂聖品，為了不要讓水煮的雞胸淡而無味，
於是找到了同樣低卡的杏鮑菇相伴，
簡單的調味搭配雞肉的鮮甜及杏鮑菇的口感，
絕對是一上桌就被秒殺的超殺涼拌菜！

〔材料〕（2人份）

杏鮑菇…2根（200克）
雞胸肉…1片（250克）
蔥…2根
蒜頭…2瓣
薑片…1片
米酒…1大匙
白芝麻…1/2大匙

調味料
醬油…1大匙
白醋…1大匙
糖…1大匙
鹽…1/4小匙
香油…1/2大匙

〔作法〕

1 杏鮑菇切絲、蔥切蔥段及蔥花、薑切片、蒜頭磨成泥備用。

2 冷水放入蔥段、薑片及米酒大火煮滾，接著放入雞胸肉，蓋上鍋蓋小火煮5分鐘關火燜10分鐘（小知識❶、❷）。

3 雞胸肉取出順著紋路剝成細絲備用。

4 原鍋大火汆燙杏鮑菇絲（3分鐘）。

5 杏鮑茹煮軟後取出瀝乾，最後與雞絲及調味料混合均勻。

6 撒上蔥花及白芝麻即完成。

─ 小知識 ─

❶ 雞胸肉不可用大火滾煮太久，泡熟的才Juicy！
❷ 用筷子可輕易刺穿雞胸肉即代表熟透。

紹 興 醉 雞

每到年節這道料理總是深受大家歡迎，
醉雞外面買不便宜，自己試著動手做看看，
端上桌時保證能贏得家人崇拜的眼光！

〔材料〕（4～6人份）

仿土雞腿肉…2支（1400克）
紹興酒…300cc
水…500cc

中藥材
枸杞…3錢
當歸…1片
黃耆…4錢
川芎…2片
紅棗…5顆

雞腿排醃料
鹽…1小匙
紹興酒…3大匙

調味料
鹽…1大匙
糖…1/2大匙

〔作法〕

1 雞腿去骨後肉面劃刀（參考刀工教學P.27），以雞腿排醃料抓醃30分鐘備用；中藥材洗淨放入500cc冷水，大火煮滾後轉小火煮10分鐘放涼備用。

2 雞腿排用錫箔紙捲起。

3 將兩邊收緊。

4 煮一鍋滾水以中火蒸25分鐘燜10分鐘（小知識❶）。

5 取出冰鎮5分鐘備用（小知識❷）。

6 拆掉錫箔紙將雞腿捲放入做法1，接著加入紹興酒及調味料攪拌均勻，冷藏48小時取出切片即完成！（小知識❸、❹）。

小知識

❶ 用電鍋者外鍋1.5杯水跳起後再燜10分鐘。
❷ 一定要冰鎮雞皮才會Q彈唷！
❸ 雞腿捲內有雞湯，不可浪費請一起加入中藥湯汁中。
❹ 中藥湯汁一定要放冷，太燙會讓雞腿排持續受熱而過柴。

水晶油雞

這道料理是台菜經典，有別白斬雞、蔥油雞的做法，
因為有經過冷藏浸泡，雞肉會產生彷彿水晶般的雞凍，
加上經過鮮雞湯以及鹽巴的提味，再配上香到不行的特製紅蔥油，
拿來當家常菜、宴客菜甚至是年菜都非常有面子！

〔材料〕（3〜4人份）

煮雞湯材料
仿土雞腿肉…1支（700克）
蔥…2根
薑片…2片
水…1400cc
米酒…100cc

紅蔥油材料
油…100cc
紅蔥頭…50克
蔥…3根
蒜頭…1瓣

浸雞用調味料
雞湯…1000cc
紅蔥油…100cc
鹽…1.5大匙

〔作法〕

1 雞腿去骨於肉面劃刀（參考刀工教學P.27）、紅蔥頭切片、蔥切段、薑切片備用。

2 將雞骨、蔥段、薑片及米酒放入1400cc冷水，大火煮滾。

3 撇去浮沫轉小火煮30分鐘（小知識❶）。

4 承上，放入雞腿排，蓋上鍋蓋小火煮15分鐘，關火燜泡10分鐘。

5 將雞腿排取出冰鎮5分鐘（小知識❷）。

6 將紅蔥油材料放入鍋中，小火將紅蔥頭煸至金黃、蔥段乾扁及蒜頭鬆軟，接著將煉好的紅蔥酥取出攤平，蒜頭與蔥段丟棄留下紅蔥油（小知識❸、❹）。

7 將步驟4過濾雞骨、蔥段及薑片，留下1000cc雞湯，加入紅蔥酥、100cc紅蔥油及1.5大匙鹽攪拌均勻，放涼後將雞腿排浸泡冷藏1天即完成。

小知識

❶此步驟為簡易雞湯，浮沫與雜質一定要去除湯才鮮美。
❷一定要冰鎮雞皮才會Q彈唷！
❸紅蔥頭鋪平才容易酥脆不然會沾黏。
❹紅蔥頭開始轉金黃即可撈出，離火後因仍有餘溫，顏色還會繼續變深。

鹹水雞

這道料理是夜市經典小吃，鮮嫩的雞肉搭配清爽的蔬菜，
是很多人沒胃口時的首選！我的做法不需要特別醃製，
只要用雞湯烹煮再搭配簡單的調味，輕鬆就能完成這道美味料理！

〔材料〕（3～4人份）

仿土雞腿…1支（700克）
蔥…2根
薑片…2片
水…1400cc
米酒…100cc
玉米筍、四季豆、高麗菜、香菇、杏鮑菇…50克

調味料

雞湯…100cc
鹽…1大匙
香油…1大匙
白胡椒粉…1/2大匙
五香粉…1/2小匙

〔作法〕

1 雞腿去骨於肉面劃刀（參考P27刀工教學、蔥切段、薑切片備用。

2 將雞骨、蔥段、薑片及米酒放入1400cc冷水，大火煮滾。

3 撇去浮沫轉小火煮30分鐘（小知識❶）。

4 承上，放入雞腿排，蓋上鍋蓋小火煮15分鐘，關火燜泡10分鐘。

5 將雞腿排取出冰鎮5分鐘（小知識❷）。

6 將作法4雞湯過濾，預留100cc雞湯作調味料，剩餘雞湯用來汆燙蔬菜。

7 汆燙好的蔬菜，冰鎮5分鐘口感更清脆。

8 將冰鎮好的雞腿及蔬菜用剪刀剪成適口大小。

9 加入調味料即完成。

小知識

❶ 此步驟為簡易雞湯，浮沫與雜質一定要去除湯才鮮美。
❷ 一定要冰鎮雞皮才會Q彈唷！

花 雕 醉 蝦

與紹興酒不同，花雕酒的香氣更加迷人，且苦味少一點，個人本身非常愛這一味！
這道料理將煮至剛好熟的鮮蝦，用冰鎮方式把鮮度凍結在最美味的那一刻，
經過簡單的冷藏浸泡後，口感彈牙且酒香迷人！

〔材料〕（3～4人份）

白蝦…20 隻（依家境增減）　中藥材　　　　調味料
水…500cc　　　　　　　　枸杞…3 錢　　雞粉…1 大匙
花雕酒…300cc　　　　　　當歸…1 小片　鹽…1 大匙
檸檬…1 顆　　　　　　　　黃耆…4 錢　　糖…1/2 大匙
　　　　　　　　　　　　　川芎…2 片
　　　　　　　　　　　　　紅棗…5 顆

〔作法〕

1　檸檬切塊、中藥材洗淨放入500cc冷水，大火煮滾後轉小火煮10分鐘放涼備用。

2　白蝦去除鬚鬚及腸泥洗淨備用，起一鍋滾水放入檸檬塊及蝦子，大火汆燙1分鐘（小知識❶）。

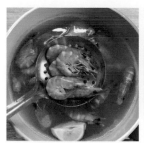 

3　水再次滾起，撈出蝦子冰鎮5分鐘備用（小知識❷）。

4　將冰鎮好的蝦放入作法1，並加入花雕酒及調味料，冷藏1天即可食用（小知識❸）。

 小知識

❶ 加檸檬可去腥，剝蝦後手無腥味。
❷ 因熱脹冷縮，務必過冰水讓蝦肉保持Q彈。
❸ 中藥材湯汁一定要放冷，太燙會讓白蝦持續受熱肉質老掉。

五 味 透 抽

這道料理重點在於五味醬的調製，
五味醬是台菜基本醬料之一，適用於各式海鮮料理，
本食譜把薑跟蒜磨成泥，讓醬料的風味釋放得更明顯，
吃起來酸甜適口相當開胃！

〔材料〕（2人份）

透抽…1 支（300 克）
薑片…2 片
蔥…1 根
米酒…30cc

調味料（請預先混合好備用）

番茄醬…1 大匙
醬油膏、白醋、白糖…1/2 大匙
蒜頭…2 瓣（10 克）
薑…1 小塊（5 克）

〔作法〕

1 將透抽身體及頭
部分開，取出透
抽軟骨（透明細長
條）。

2 拔掉墨囊與內臟。

3 眼睛處劃一刀，將
頭部洗淨。

4 用手擠出口器（龍
珠）。

5 完成。

6 冷水放入蔥段及薑
片煮滾。

7 煮滾後放入透抽關
火燜泡2分鐘（小
知識❶）。

8 冰鎮5分鐘。

9 身體切厚2cm圈，
身體切4cm小段，
沾著混合好的調味
料即完成。

小知識

❶ 透抽用泡的保持鮮嫩且外層不易破。
❷ 冰鎮可阻止透抽繼續熟化，且讓成品吃起來Q彈脆口。

黃金泡菜

黃金泡菜非常適合搭配重口味料理，
有很棒的解膩效果且會越吃越涮嘴，
所以又稱「鴉片泡菜」！

〔材料〕（4～6人份）

韓國大白菜…1 顆（1200 克）
鹽…4 大匙
紅蘿蔔…1.5 根（450 克）
蒜頭…7 瓣（70 克）
辣椒…1 根

調味料
白醋…6 大匙
糖…5 大匙
韓式芝麻油…6 大匙
甜酒豆腐乳…4 大匙

〔作法〕

1 白菜、紅蘿蔔切塊、辣椒切圈、蒜頭去蒂頭備用（小知識❶）。

2 大白菜上有些許黑點屬正常情形，可放心食用。

3 大白菜從中間對切。

4 再對切成1/4塊。

5 去掉蒂頭。

6 為保持入口大小一致，從中間對切至1/2處。

7 切5cm段即完成白菜前處理。

8 先鋪一層白菜於盆底並均勻撒鹽，接著重複此動作至所有白菜入盆（小知識❷、❸）。

9 每10分鐘攪拌一次。

10待白菜軟化生出澀水（約1小時）。

11白菜軟化判斷標準：菜梗可以彎曲，但不會一折就斷。

12殺青後的白菜，以飲用水沖洗2次洗去鹹味與雜質。

13確實擠乾水分，後續醬汁才能入味（小知識❹）。

14將紅蘿蔔、蒜頭、辣椒與調味料，放入食物調理機打成泥。

15將打好的醬料鋪在大白菜上。

16混合均勻後，放入乾淨消毒過的玻璃容器，冷藏1天即可食用。

小知識

❶ 白菜不用洗後面會沖水。
❷ 此步驟為殺青，是為了去除白菜澀水。
❸ 鹽不必貪多，有均勻沾附即可，否則後面會鹹到很難洗！
❹ 洗完要確認味道，白菜吃起來應微鹹。

涼拌海蜇皮

這道料理是喜宴出現率極高的前菜，
料理的重點在於「海蜇皮不能燙太久」，
否則會像在咬輪胎皮，這點務必千萬記得唷！

〔材料〕（3～4人份）

海蜇絲…300 克
紅蘿蔔…1/4 根（90 克）
小黃瓜…1/2 根（90 克）
蒜頭…4 瓣（20 克）
辣椒…1 根

調味料
糖…2 小匙
白醋…2 小匙
鹽…1/2 小匙

── 小知識 ──

海蜇絲不可燙太久，
否則會如橡皮一樣難
咬！

〔作法〕

1 蒜頭切末、辣椒切
圈、紅蘿蔔、小黃
瓜切絲及海蜇絲洗
淨泡水備用。

2 海蜇絲滾水氽燙
7～10秒。（小知
識）

3 撈出冰鎮5分鐘。

4 接著把海蜇絲瀝
乾，與小黃瓜絲、
辣椒及調味料混合，
冷藏一晚即完成。

台式泡菜

這是一道每次吃臭豆腐永遠都嫌不夠的配菜,作法非常簡單,
將高麗菜跟紅蘿蔔殺青,調味只要用糖醋水即可,
經冷藏醃漬就是完美的小菜!

〔材料〕（4～6人份）

高山高麗菜…1顆（1500克）
紅蘿蔔…1/4根（90克）
蒜頭…6瓣（60克）
辣椒…1根
鹽…5大匙

調味料
白醋…400cc
糖…12大匙
飲用水…600cc

〔作法〕

1 高麗菜剝6x6cm塊狀、紅蘿蔔切絲、蒜頭去蒂頭備用。

2 高麗菜先鋪一層於盆底並均勻撒鹽，接著重複此動作，至所有高麗菜入盒。

3 最後加入紅蘿蔔絲，每10分鐘攪拌一次。

4 待高麗菜及紅蘿蔔絲軟化（約1小時）即完成（小知識❶、❷）。

5 殺青後的高麗菜及紅蘿蔔絲，以飲用水沖洗2次，洗去鹹味與雜質。

6 徹底擠乾水分（小知識❸）。

7 將蒜頭、辣椒、調味料混合均勻，放入乾淨消毒過的玻璃容器，冷藏24小時後即可食用（小知識❹）。

小知識

❶此步驟為殺青，是為了去除高麗菜澀水及軟化紅蘿蔔絲。
❷鹽不必貪多有均勻沾附即可，否則後面會鹹到很難洗！
❸洗完要確認味道，高麗菜吃起來應微鹹。
❹醃漬的醬汁必須超過泡菜否則容易壞掉！

Part 4

15 分鐘成就一餐
牛肉·豬肉·雞肉·海鮮·其他

日式泡菜牛丼

把生蛋黃攪散，將軟嫩的牛肉、入味的洋蔥及脆口的泡菜，
連同白飯一同送入口中，
所謂幸福不過就是這麼一回事！

〔材料〕（1 人份）

火鍋牛肉片⋯8 片（牛肉請挑選薄片口感較好。）
洋蔥⋯1/2 顆（180 克）
韓式泡菜⋯50 克
蛋黃⋯1 顆

牛丼醬汁（預先拌好混合備用）
薑泥⋯1/2 小匙
鰹魚粉⋯1/2 小匙
水⋯150cc
醬油⋯1.5 大匙
味醂⋯1.5 大匙
米酒⋯1.5 大匙

〔作法〕

1 洋蔥順紋切絲（較有口感）、牛丼醬汁混合備用。

2 鍋內下1大匙油，大火炒洋蔥至微軟。

3 接著倒入醬汁，中火煨煮至軟（約3分鐘）。

4 最後放入牛肉煮熟即可（放入牛肉請一片一片放入，不然會黏在一起。）。

台式肉絲炒麵

比起其他花俏的炒麵，肉絲炒麵反而是我的心頭好，作法非常簡單，原理
就是把蔬菜的甜味炒出來，再將肉絲炒香加水混合煮出美味肉湯，最後再
讓油麵把湯汁吸得飽飽的，那滑順入喉的美妙，讓人不用幾分鐘就能輕易
清盤，真的是非常美味的台式料理經典！

〔材料〕（2人份）

豬肉絲…50 克
油麵…300 克
紅蘿蔔…1/4 根（90 克）
木耳…1 片（15 克）
洋蔥…1/4 顆（90 克）
高麗菜…1/4 顆（150 克）
蔥…3 根
水…200cc

肉絲醃料

醬油…1 大匙
米酒…1 大匙
玉米粉…1/2 小匙

調味料

香菇素蠔油…1.5 大匙
醬油…1.5 大匙
米酒…1 大匙
白胡椒…1/2 小匙

〔作法〕

1 洋蔥順紋、紅蘿蔔及木耳切絲、蔥白蔥綠分開切段、高麗菜剝6x6cm塊狀、油麵滾水氽燙1分鐘、肉絲抓醃15分鐘備用。

2 鍋內下1大匙油，依序爆香蔥白、紅蘿蔔、洋蔥及木耳絲。

3 蔬菜炒透後下肉絲炒至半熟。

3 接著下油麵、200cc水及調味料，中大火滾煮3分鐘至油麵入味。

4 承上，放入高麗菜炒軟，最後下蔥綠拌炒均勻即完成。

韓 式 炸 醬 麵

每次在韓劇或是韓國綜藝節目看他們吃這黑漆漆的麵,
口水就不自覺流滿地!
這道料理的靈魂是韓式中華春醬,在韓式商店都能買到,
有了這款醬料隨時在家都能開起韓式小館唷!

〔材料〕（4～6人份）

梅花肉…250 克
洋蔥…1/2 顆（180 克）
馬鈴薯…1/2 顆（200 克）
高麗菜…1/4 顆（150 克）

蔥…3 根
蒜頭…4 瓣
水…500cc
玉米粉水…4 大匙

調味料
韓國中華春醬…150 克
醬油…2 大匙
糖…1 大匙

〔作法〕

1 梅花肉、洋蔥、馬鈴薯、高麗菜切3cm塊狀、蔥切蔥花、蒜頭切末、玉米粉水調和備用。

2 鍋內下2大匙油，中火爆香蔥花及蒜末。

3 接著下梅花肉炒至半熟。

4 再加入洋蔥、馬鈴薯、高麗菜及韓式中華春醬，拌炒均勻後加入500cc水大火煮滾。

5 承上，蓋上鍋蓋小火燜煮15分鐘，開蓋後淋入4大匙玉米粉水勾芡即完成。

台式炸醬麵

炸醬麵做法非常簡單，調味也單純只靠甜麵醬跟豆瓣醬互動，
就能產生極大的味蕾衝擊！再搭配上寬版拉麵，
最大化麵上可沾附的醬汁，每一口都滿足！

〔材料〕（4～6人份）

豬絞肉…300 克
五香豆乾…5 片（200 克）
蒜頭…4 瓣（20 克）
洋蔥…1/2 顆（180 克）
玉米粉水…3 大匙
水…300cc

調味料

陳年豆瓣醬…4 大匙
甜麵醬…4 大匙
醬油…1 大匙
糖…1/2 大匙

〔作法〕

1 豆乾及洋蔥切小丁、蒜頭及洋蔥切末備用。

2 鍋內下1大匙油，下豆乾丁拌炒至微微上色（小知識）。

3 接著加入絞肉炒至鬆散。

4 再放蒜末及洋蔥末爆香。

5 最後倒入調味料拌炒均勻。

6 承上，加300cc水大火煮滾後，轉小火煮15分鐘。

7 起鍋前淋入3大匙玉米粉水勾芡即完成。

 小知識　豆乾丁不用炒到外層酥脆，否則成品口感不好。

義式培根蛋汁義大利麵

這道料理英文名為 Carbonara，另一款中譯名為卡邦尼，
起源於義大利中部羅馬，是義大利代表料理之一，
材料非常簡單，只需要蛋、義式厚培根及帕瑪森乾酪就足以風靡全球，
在臺灣若看到店家放鮮奶油的都是改良後的做法唷！
註：因義式厚培根較難取得，本食譜改以美式厚培根代替。

〔材料〕（1人份）

義大利直麵（5號麵）…100 克　　醬汁（預先拌好混合備用）
厚培根…50 克　　　　　　　　蛋黃…3 顆
煮麵水…3 大匙　　　　　　　　帕瑪森起司…2 大匙
　　　　　　　　　　　　　　　黑胡椒…1/2 大匙
　　　　　　　　　　　　　　　鹽…1/4 小匙

〔作法〕

1 培根切條、義大利麵煮至全熟、醬汁預先拌好混合
　 備用。（請參考P.36義大利麵入門篇）

2 鍋內不放油，中火將培
　 根煎至金黃酥脆。

3 接著加入義大利麵及3
　 大匙煮麵水拌炒均勻。

4 再來關火等待30秒，
　 最後加入醬汁（小知
　 識）。

5 攪拌均勻即完成。

 小知識　炒好的麵必須稍微放涼，否則下醬汁會變蛋花！

日式親子丼

親子丼這個名字聽起來溫馨可愛，但親子丼中「親子」的名稱，
其實帶有點黑色幽默，因這道料理同時包含雞肉與雞蛋，
亦即代表將母親和孩子一併吃下的意思！

〔材料〕（1人份）

去骨雞腿排…1片（350克）
洋蔥…1/2顆（180克）
蛋…3顆

雞肉醃料
醬油…1大匙
米酒…1/2大匙

調味料
醬油、米酒、味醂…各1大匙
水…4大匙
鰹魚粉…1/2大匙

〔作法〕

1 洋蔥順紋切絲、雞蛋打散、雞肉切3×3cm小塊抓醃15分鐘、調味料混合備用（小知識）。

2 鍋內下1大匙油，中火爆香洋蔥。

3 接著加入調味料與雞肉，中火滾煮3分鐘至雞肉熟透。

4 承上，先加入一半的蛋液中火煮1分鐘。

5 待蛋液呈7分熟，加入剩餘蛋液。

6 關火蓋上鍋蓋燜1分鐘。

7 盛盤將蛋整片鋪在飯上，即完成高顏值親子丼。

小知識

蛋不用打太均勻，如此成品才能有蛋白及蛋黃不同的層次感。

日式照燒雞腿丼

這道料理是日式丼飯常出現的菜色，鹹鹹甜甜的照燒汁淋在鮮嫩的雞腿上，
搭配熱騰騰的白飯只能說是完美！這道料理特別要注意的是最後收汁時，
因醬料含糖，所以火不要開太大否則容易燒焦唷！

〔材料〕（1 人份）

去骨雞腿排…1 片（350 克）

雞腿排醃料
米酒…1 大匙
鹽…1/2 小匙

調味料
醬油、味醂、米酒…各 1.5 大匙

〔作法〕

1 去骨雞腿排肉面劃刀抓醃15分鐘備用；接著擦乾雞皮，鍋內不放油，雞皮朝下入鍋（小知識 ❶）。

2 雞腿排上壓重物，中小火煎5分鐘至表皮金黃。

3 承上，將雞腿排翻面並加入調味料。

4 中火煮3分鐘至醬汁濃稠。

5 翻面後轉小火，讓醬汁均勻沾附在雞肉（小知識 ❷）。

6 取出切條即完成（小知識 ❸）！

小知識

❶ 擦乾雞皮較容易上色。
❷ 最後收濃時泡泡會越來越大，此時就該轉小火以免燒焦。
❸ 確認雞肉有沒有熟用筷子戳雞肉較厚處，若能輕鬆穿透即熟透。

日式雞肉炒烏龍麵

這道料理是居酒屋熱門菜色，鹹甜醬汁搭配 Q 彈的烏龍麵簡直絕配！
記得一定要選用冷凍的烏龍麵，且不經解凍直接下鍋煮，
才能做出 Q 彈口感的成品唷！

〔材料〕（1 人份）

去骨雞腿排…1 片（350 克）
冷凍烏龍麵…1 塊
紅蘿蔔 1/3 根…30 克
洋蔥…1/4 顆（90 克）
新鮮香菇…3 朵（40 克）

tips......................
冷凍烏龍麵請不要解凍，炒起來才會Q彈。

雞肉醃料
米酒…1 大匙
鹽…1/2 小匙

調味料
醬油…1.5 大匙
米酒…1 大匙
味醂…1 大匙

〔作法〕

1　紅蘿蔔、香菇及洋蔥切絲、蔥白蔥綠分開切段、雞肉抓醃15分鐘、冷凍烏龍麵不解凍備用。

2　擦乾雞皮，鍋內不放油以中小火煎至雞皮上色。

3　接著轉中大火，加入紅蘿蔔絲、香菇絲、洋蔥絲及蔥白段爆香。

4　再來加入冷凍烏龍麵及調味料。

5　蓋上鍋蓋中大火燜煮3分鐘，待烏龍麵軟化且均勻上色後，加入蔥綠段拌炒均勻即完成。

麻油雞高麗菜飯

麻油雞飯跟高麗菜飯都是我的心頭好,這道料理巧妙將兩者混合在一起,
且運用做油飯的小技巧,快速方便又好吃,很適合平常忙碌的時候快速上菜,
只要有飯、薑、雞腿排跟高麗菜,就能好好吃頓飯～不必花太多時間,
做多的還能帶便當,真的是一舉數得!

〔材料〕（2～3人份）

白飯…2碗（350克）
去骨雞腿排…1片（350克）
高麗菜…1/4顆（150克）
老薑…12片
乾香菇…6朵

黑麻油…3大匙
食用油…1大匙
枸杞…1大匙
米酒…50cc
香菇水…50cc

雞肉醃料
米酒…1大匙
鹽…1/2小匙

調味料
香菇素蠔油…2大匙
鹽、糖…1/4小匙

〔作法〕

1 乾香菇泡水1小時後切絲、枸杞洗淨泡水、高麗菜剝6×6cm塊狀、雞腿排切3×3cm小塊抓醃15分鐘備用。

2 鍋內下2大匙黑麻油及1大匙食用油，放入薑片小火煸至捲曲起毛邊（小知識❶）。

3 接著轉中大火下乾香菇絲炒香。

4 再放入雞肉炒至半熟，最後加入50cc米酒及香菇水煮3分鐘。

5 承上，保持中大火，下高麗菜片並蓋上鍋蓋燜30秒。

6 待高麗菜軟化後，加入2大匙香菇素蠔油，炒至全部料頭上色，放入白飯拌炒均勻。

7 起鍋前加入1/4小匙鹽、糖、1大匙黑麻油及枸杞，中大火炒至湯汁收乾即完成（小知識❷）！

小知識
❶ 黑麻油混食用油大火炒較不易苦。
❷ 成品務必要醬色均勻並把湯汁收乾！

香辣番茄雞肉義大利麵

這道料理務必使用進口的蕃茄罐頭製作，因臺灣的牛番茄顏色太淺，且味道不夠濃郁，搭配義大利麵時風味略差，進口罐頭封存技術好，不必特別做紅醬也能有濃濃的茄汁風味，再搭配醃過的鮮嫩雞肉，還有彈牙的義大利麵，真的是一道簡單快速又好吃的料理！

〔材料〕（1人份）

義大利直麵（5號麵）…100克
雞胸肉…50克
義大利去皮切丁番茄罐頭…1/2罐（200克）
蒜頭…5瓣（25克）
洋蔥…1/2顆（180克）
辣椒…1根
九層塔…1把（10克）
煮麵水…100cc
白酒…30cc

雞肉醃料
白酒…1大匙（可省略）
鹽、白胡椒粉…1/4小匙

調味料
鹽、黑胡椒…1/2小匙

〔作法〕

1 蒜頭切末、洋蔥切丁、辣椒切圈、九層塔切碎、雞胸肉切片抓醃15分鐘備用。

2 將義大麵煮7成熟（請參考P.36義大利入門篇）。

3 鍋內下1大匙橄欖油，大火將雞胸肉片煎至表面金黃取出備用。

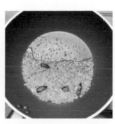

4 原鍋不洗，鍋內下1大匙橄欖油，爆香辣椒、蒜末及洋蔥末。

5 加入30cc白酒大火滾煮30秒（小知識❶）。

6 加入100cc煮麵水。

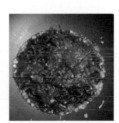

7 加入番茄丁罐頭拌炒，混合成番茄醬汁。

8 加入義大利麵拌炒均勻（小知識❷）。

9 起鍋前，加入雞胸肉片、九層塔碎、鹽、黑胡椒拌炒均勻即完成。

小知識

❶ 大火燒掉白酒的酸味留下果香。
❷ 此步驟麵若太乾可以適時補50cc煮麵水。

泰式綠咖哩雞

綠咖哩風味迷人,其帶有椰奶滑順口感,還有搭配諸多辛香料,
口味上偏辣,配上蔬菜還有雞肉特別下飯!製作這道料理時,
請先炒椰漿再炒綠咖哩醬,順序顛倒容易炒焦唷!

〔材料〕（2～3人份）

雞胸肉…250 克　　　大辣椒…1 根　　　　調味料
綠咖哩醬…70 克　　　玉米筍…100 克　　　魚露…1.5 大匙
椰奶…200 克　　　　四季豆…100 克　　　糖…1 大匙
水…200cc　　　　　九層塔…2 把（20 克）

〔作法〕

1 雞胸肉切條、玉米筍、
　四季豆切4～5公分段、
　辣椒切圈備用。

2 鍋內不放油倒入椰奶，
　中火炒出油脂。

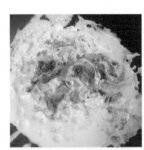

3 加入綠咖哩醬拌炒均
　勻。

4 接著加入雞胸肉炒至半
　熟。

5 再來加入玉米筍、四季
　豆及200cc水，大火滾
　煮5分鐘。

6 起鍋前加入辣椒、九層
　塔及調味料即完成。

蝦仁炒飯

一盤有蛋香、蔥香及飽滿的蝦仁，
搭配蓬鬆又粒粒分明的米飯，
簡單、快速又好吃的炒飯料理絕對是居家良伴！

〔材料〕（1〜2人份）

飯…1.5碗
蝦仁…10隻（依家境增減）
蔥…3根
蛋…2顆
高麗菜…1/10顆（50克）

蝦仁醃料
米酒…1大匙
鹽…1/2小匙

調味料
醬油…1.5大匙
鹽…1/4小匙

〔作法〕

1　蔥切蔥花、蛋打散、蝦仁抓醃10分鐘備用（小知識❶、❷）。

2　鍋內下1大匙油，中火煎蝦仁至7分熟（顏色變白）取出備用。

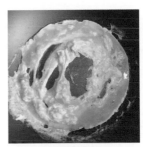

3　接著將蛋液倒入鍋中，大火炒至半熟。

4　加入白飯，全程大火炒至飯粒鬆散。

5　於鍋身倒入1.5大匙醬油，嗆出醬香味後拌炒均勻。

6　拌炒均勻後加入高麗菜、蝦仁及蔥花，炒至高麗菜軟化，最後加入1/4小匙鹽調味即完成。

 小知識

❶使用剛煮好的米飯記得拌一拌讓水氣蒸散，後續會比較容易把飯炒開！

❷使用隔夜飯記得先下一點油先把米飯抓鬆，炒的時候比較容易炒散唷！

府 城 蝦 仁 飯

這道料理是臺南才吃得到的美味,調味很簡單,只有使用醬油、糖跟柴魚
高湯做基底而已!因臺南都是使用火燒蝦做,味道特別濃郁,但火燒蝦取
得不易,所以本食譜以白蝦取代,用煉蝦湯的方式,做出來的味道不輸店
家唷!

〔材料〕（2～3人份）

白蝦…14隻（依家境增減）　　調味料
蔥…3根　　　　　　　　　　醬油…3大匙
豬油…3大匙　　　　　　　　糖…1大匙
白飯…2碗（350克）　　　　　鰹魚粉…1大匙
水…500cc
米酒…1大匙

〔作法〕

1 白蝦剝殼後，將蝦
仁開背去腸泥、蝦
頭與蝦殼放一旁待
用、蔥白蔥綠分開
切段備用。

2 鍋內下2大匙豬
油，中火煸蝦殼及
蝦頭5分鐘，並用
鍋鏟壓蝦頭擠出蝦
膏。

3 煉出蝦油後，下
500cc水及1大匙
鰹魚粉，大火煮
滾後轉中火煮5分
鐘。

4 接著濾掉蝦殼留下
蝦湯備用。

5 鍋內下1大匙豬
油，中火煸香蔥白
（小知識❶）。

6 煸至蔥白微焦後放
入蝦仁、蔥綠、醬
油及糖拌炒均勻。

7 蝦仁炒熟後連同蔥
取出，醬汁留鍋裡
備用。

8 將作法4蝦湯倒回
來，並加入白飯中
大火拌炒5分鐘。

9 湯汁收至微濕潤
即完成（小知識
❷）。

10 最後在飯上鋪上
蔥段、蝦仁及半
熟蛋即完成。

小知識

❶ 蔥白要花時間煸得確實一點，讓蔥
香進入油中。
❷ 飯不用炒乾，湯汁會慢慢被飯吸乾
唷。

白酒蛤蠣義大利麵

這道料理是義大利麵餐廳點餐率第一名，
濃郁的蒜香、塔香及淡雅的白酒果香，
搭配著鮮美蛤蠣湯汁，讓人完全無法抵抗！

〔材料〕（1人份）

義大利直麵（5號麵）…100克
蛤蠣…300克
蒜頭…5瓣（25克）
洋蔥…1/2顆（180克）
辣椒…1根

九層塔…2把（20克）
煮麵水…100cc
白酒…30cc

調味料
黑胡椒…1/2小匙

〔作法〕

1 蒜頭及洋蔥切末、辣椒切圈、九層塔切碎、蛤蠣吐沙洗淨備用。

2 將義大麵煮7成熟（請參考P.36義大利入門篇）。

3 鍋內下1人匙橄欖油，爆香辣椒、蒜末及洋蔥末。

4 加入30cc白酒大火滾煮30秒（小知識❶）。

5 加入蛤蠣及100cc煮麵水，煮至蛤蠣全開後取出。

6 大火滾煮30秒，將湯汁乳化成濃稠「白酒蛤蠣醬汁」。

7 加入義大利麵拌炒，讓醬汁能均勻沾附在麵上（小知識❷）。

8 起鍋前，加入蛤蠣、九層塔碎及黑胡椒拌炒均勻即完成（小知識❸）。

── 小知識 ──

❶ 大火燒掉白酒的酸味留下果香。
❷ 此步驟麵若太乾可以適時補50cc煮麵水。
❸ 煮麵水及蛤蠣皆有鹹味故不需要再加鹽。

蒜辣鮮蝦義大利麵

這道料理運用煉蝦油的方式做出美味醬汁，
吃起來每一口帶著蒜香及濃郁蝦味，
搭配 Q 彈的義大利麵條是最棒的享受！

〔材料〕（1人份）

義大利直麵（5號麵）…100克　　蝦仁醃料　　　　　　調味料
白蝦…12隻　　　　　　　　　　白酒…1大匙（可省略）　鹽、黑胡椒…1/2小匙
蒜頭…5瓣（25克）　　　　　　　鹽…1/4小匙
辣椒…1根
煮麵水…100cc
白酒…30cc

〔作法〕

1 白蝦剝殼，將蝦仁
　開背去腸泥抓醃10
　分鐘，蝦頭與蝦殼
　放一旁待用，蒜頭
　切末、辣椒切圈備
　用。

2 將義大麵煮7成熟
　（請參P.36煮義大
　利入門篇）。

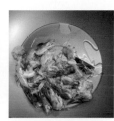

3 下2大匙橄欖油，
　中火煸蝦殼及蝦頭
　（小知識❶）。

4 可用鍋鏟壓蝦頭輔
　助擠出蝦膏。

5 加入蝦仁炒全7分
　熟（顏色變白）取
　出備用。

6 加入30cc白酒大
　火滾煮30秒（小
　知識❷）。

7 加入100cc煮麵
　水，大火滾煮30
　秒，將湯汁乳化成
　濃稠「香辣蒜蝦醬
　汁」。

8 加入義大利麵拌
　炒，讓醬汁能均勻
　沾附在麵上（小知
　識❸）。

9 起鍋前，加入蝦
　仁、鹽、黑胡椒拌
　炒均勻即完成。

小知識

❶ 此步驟必須確實煉出蝦油（油呈現紅色），後續炒出來的
　麵才有風味。
❷ 大火燒掉白酒的酸味留下果香。
❸ 此步驟麵若太乾可以適時補50cc煮麵水。

古早味麻油乾拌麵

這是一道台灣的古早味料理，透過黑麻油與薑泥簡單的碰撞，
就能勾勒出滿滿的兒時回憶，這道料理除了美味，
更是充滿著前人烹飪的智慧！

〔材料〕（1人份）

麵線…80 克
高麗菜…25 克
黑麻油…2 大匙
食用油…1/2 大匙
薑泥…15 克

調味料
米酒…1 大匙
醬油…1 大匙
糖…1 小匙

〔作法〕

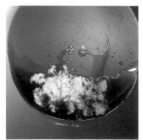

1 冷鍋下2大匙黑麻油及
1/2大匙食用油，接著放
入薑泥小火炒3分鐘炒
出香氣。

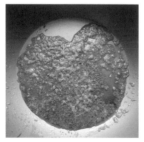

2 加入調味料中火拌炒均
勻（約1分鐘）備用。

3 起一鍋滾水煮熟麵線及
高麗菜，撈起後淋上作
法2即完成。

17 韓式泡菜鍋

煎過的五花肉及吸飽泡菜湯汁的豆腐，
搭配著白飯一起入口，
絕對是最溫暖最幸福的鍋物！

〔材料〕（1～2人份）

豬五花肉…150 克
韓式泡菜…200 克
洋蔥…1/2 顆（180 克）
板豆腐…1 盒
蒜頭…4 瓣
雞高湯…500cc
蛋…1 顆

調味料
韓式芝麻油…1 大匙
韓式細辣椒粉…2 大匙
醬油…1 大匙
糖…1/2 小匙

〔作法〕

1 五花肉切條、洋蔥順紋切條、蒜頭切末、板豆腐切片備用。

2 鍋內不放油放入豬五花，中火煎至兩面金黃。

3 放入泡菜炒香（小知識❶）。

4 接著下洋蔥及蒜末拌炒至洋蔥軟化。

5 再來倒入500cc雞高湯、板豆腐及調味料，大火煮滾轉中小火，煮10分鐘至豆腐入味，盛盤後加入一顆蛋黃即完成（小知識❷）！

小知識

❶ 泡菜炒過可去除酸味且才會香。
❷ 起鍋後亦可撒上一把蔥花提升風味。

番茄雞蛋麵

這道料理小小借用鹽巴的魔力，炒製時先放鹽將番茄快速軟化帶出甜味，
如此一來就不需要再用番茄醬做色囉！運用番茄做出的美味湯頭，
配上吸飽湯汁的煎雞蛋，真的清爽美味～超！級！好！吃！

〔材料〕（1～2人份）

牛番茄…2 顆　　　　　調味料　　　　　　　白胡椒粉…1/8 小匙（提味用不用多）
蛋…3 顆　　　　　　　醬油…1 大匙　　　　糖…1/2 小匙
蔥…2 根　　　　　　　鹽…1/2 小匙　　　　香油…1/2 小匙
蒜頭…2 瓣

〔作法〕

1 番茄帶皮切小丁、蛋打
　散、蔥切蔥花、蒜頭切
　末備用。

2 鍋內下1大匙油，油燒熱下蛋液，待蛋液周圍凝固，
　翻炒至熟取出備用（小知識❶）。

3 鍋內下1大匙油，放入
　番茄丁及1/2小匙鹽（小
　知識❷）。

4 中火炒3分鐘至番茄軟
　化。

5 加入蒜末、醬油、白胡
　椒粉及糖拌炒。

6 接著加入300cc清水
　與蛋碎，中火滾煮3分
　鐘，直至蛋碎吸飽湯汁
　膨脹，最後與麵組裝，
　淋上香油撒上蔥花即完
　成！

小知識

❶ 蛋不要炒太碎成品比較美。
❷ 鹽必須在炒番茄時加，如此能有效幫助番茄快速
　軟化並帶出甜味！

金沙絲瓜麵線

金沙不僅能用於熱炒菜,亦能做出濃郁的湯頭,
再搭配上鮮甜的絲瓜,就是非常棒的一碗快手湯麵唷!

〔材料〕（1人份）

麵線…80 克
鹹蛋黃…2 顆（30 克）
鹹蛋白…1 顆（15 克）
絲瓜…半根（130 克）
水…300cc
老薑…1 塊（5 克）

調味料
糖…1/4 小匙

〔作法〕

1 薑切末、絲瓜切2cm薄片、鹹蛋黃壓扁後切碎、鹹蛋白切碎備用。

2 鍋內下1大匙油，小火煸炒薑末。

3 接著放入鹹蛋黃。

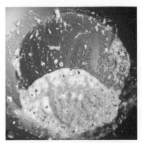

4 中大火炒成流沙狀。

5 再放入絲瓜及300cc水中大火煮3分鐘。

6 待絲瓜軟化後，加入1/4小匙糖及鹹蛋白即完成。

Part 5

30 分鐘噴香家常料理
肉類海鮮篇

滑蛋牛肉

滑蛋的技巧掌握在大火燒熱油，
將蛋放進去後關火滑炒，
炒至 7 分熟即盛盤確保成品不過熟！

〔材料〕（3～4人份）

牛肉…150克	牛肉醃料	調味料
蛋…4顆	醬油…1大匙	醬油…1/2大匙
蔥…3根	米酒…1大匙	
蒜頭…2瓣	白胡椒粉…1/4小匙	
	玉米粉…1/2小匙	

〔作法〕

1　蔥切蔥花、蒜頭切末、蛋打散、牛肉抓醃備用。

2　鍋內下1大匙油，爆香蒜末後下牛肉炒至7分熟（表面無血色）備用。

3　將牛肉連同醬油、蔥花加入蛋液攪拌均勻備用。

4　鍋子清洗後下2大匙油，大火將油燒熱至飄煙（小知識❶）。

5　倒入蛋液後，待蛋周圍成裙邊，「關火」利用餘溫將蛋炒至7分熟即完成（小知識❷）！

小知識
❶油燒熱是關鍵，這樣蛋底部才能快速成形才有辦法滑。
❷滑炒重點為底部熟蛋不可往上翻，保持嫩蛋在上熟蛋在下。

123

沙茶牛肉

先將牛肉炒至 5 分熟取出，待所有料都炒好再將牛肉回放，
這是可有效保持牛肉嫩度的小撇步！
也是家庭火力不夠應運而生的改良炒法唷！

〔材料〕（3～4 人份）

牛肉…150 克	牛肉醃料	調味料
空心菜…150 克	醬油…1 大匙	沙茶…1 大匙
蒜頭…3 瓣	米酒…1 大匙	醬油…1 大匙
辣椒…1 根	白胡椒粉…1/4 小匙	米酒…1 大匙
	玉米粉…1/2 小匙	烏醋…1/2 小匙
		白胡椒粉、香油、糖…各 1/4 小匙

〔作法〕

1 空心菜切5公分段、蒜
頭切末、辣椒切圈、牛
肉抓醃、調味料先混合
均勻備用。

2 鍋內下1大匙油，大火將牛肉炒至7分熟（表面無血
色）備用。

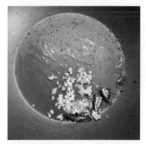

3 接著原鍋不洗，利用餘
油中火爆香蒜末及辣
椒。

4 放入空心菜及調味料，
炒至空心菜管軟化。

5 最後放入牛肉拌炒均勻
即完成（小知識）。

小知識 先炒牛肉最後再回放可確保熟度。

蔥爆牛柳

熱炒店必點的菜,帶有蔥香氣的滑嫩牛肉,
裹上鹹香濃郁的醬汁,配上白飯一起送入嘴裡,
真是人生最幸福的享受!

〔材料〕（3～4 人份）

牛肉…150 克	牛肉醃料	調味料
蔥……2 根	醬油…1 大匙	醬油…1 大匙
蒜頭 2 瓣	米酒…1 大匙	香菇素蠔油…1/2 大匙
辣椒…1 根	白胡椒粉…1/4 小匙	米酒…1.5 大匙
	玉米粉…1/2 小匙	烏醋、白糖、白胡椒粉…各 1/4 小匙

〔作法〕

1 蔥白蔥綠分開切段、蒜頭切末、辣椒切圈、牛肉抓醃備用。

2 鍋內下 1 大匙油，大火將牛肉炒至 7 分熟（表面無血色）取出（小知識❶）。

3 接著原鍋中火爆香蔥白段。

4 待蔥白段微焦下蒜末及辣椒爆香（小知識❷）。

5 最後放回牛肉及調味料拌炒均勻。

6 起鍋前下蔥綠再次拌炒均勻即完成。

小知識

❶ 先炒牛肉最後再回放可確保熟度。
❷ 蔥炒微焦帶甜味，蒜炒微焦帶苦味，所以先將蔥白煵香再放蒜，是較保險做法！

黑 胡 椒 牛 柳

這道料理完美地將軟嫩的牛肉、脆口的洋蔥緊密融合在一起，
祕製黑胡椒醬配方味道更勝熱炒店！
一定要學起來！

〔材料〕（3～4人份）

牛肉…400 克
洋蔥…1/2 顆（180 克）
蒜頭…2 瓣
奶油…15 克
水…50cc

牛肉醃料
醬油…1 大匙
米酒…1 大匙
白胡椒粉…1/4 小匙
玉米粉…1/2 小匙

調味料
粗粒黑胡椒…2 大匙
醬油、香菇素蠔油…各 1 大匙
米酒…1 大匙
番茄醬…1/2 大匙
糖…1/4 大匙

〔作法〕

1 洋蔥順紋切條、蒜頭切末、調味料先混合均勻、牛肉用刀尖斷筋切6公分條抓醃備用（小知識❶）。

2 鍋內下1大匙油，大火將牛肉炒至7分熟（表面無血色）備用（小知識❷）。

3 接著原鍋不洗，利用餘油爆香洋蔥及蒜末。

4 加入調味料及50cc的水，炒至洋蔥絲微軟。

5 放回牛肉拌炒均勻，起鍋前加入奶油炒至融化即完成！

小知識
❶牛肉務必用刀尖整片戳刺斷筋，否則成品較難咬！
❷先炒牛肉最後再回放可確保熟度。

泰 式 打 拋 豬

「打拋」是泰語「ㄍㄚ～ㄆㄠ」直接翻譯過來，打拋葉是這道菜的靈魂！
因打拋葉取得不易，本食譜改用九層塔取代，
更換食材美味不變，一樣是非常下飯的超殺料理！

〔材料〕（3 ～ 4 人份）

豬絞肉…300 克　　　　調味料
蒜頭…3 瓣　　　　　　醬油…1 大匙
辣椒…1 根　　　　　　香菇素蠔油…1 大匙
九層塔…2 把（20 克）　魚露…1 大匙
　　　　　　　　　　　白糖…1/2 大匙

〔作法〕

1 蒜頭切末、辣椒切圈、
九層塔洗淨擦乾備用。

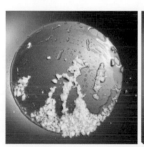

2 鍋內下1大匙油，中火爆香蒜頭後，下絞肉拌炒。

3 務必將絞肉炒至鬆散口
感較佳。

4 接著加入調味料及辣
椒，中火拌炒2分鐘至
絞肉入味。

5 起鍋前放入九層塔拌炒
均勻即完成！

麻 油 菇 菇 松 阪 豬

濃郁的麻油香結合松阪豬特有的 Q 彈口感，
再搭配秀珍菇即成為這道完美冬令進補料理，
除食材美味外，湯汁拿來配白飯或是麵線更是絕配唷！

〔材料〕（3～4 人份）

松阪豬…1 片（400 克）
黑麻油…3 大匙
食用油…1/2 大匙
老薑片…10 片
秀珍菇…50 克
枸杞…2 大匙
米酒…100cc

調味料
鹽…1/2 小匙
糖…1/4 小匙

〔作法〕

1 松阪豬逆紋切條、薑切片、枸杞洗淨泡開備用。

2 鍋內下2大匙黑麻油及1/2大匙食用油，小火煸薑片至捲曲起毛邊。

3 接著大火拌炒松阪豬至7成熟（表面無血色）備用。

4 再來下秀珍菇及放入100cc米酒、鹽及糖，中大火滾煮3分鐘至食材熟透。

5 起鍋前加入2大匙枸杞，並淋上1大匙黑麻油即完成！

蒸瓜仔肉

蔭瓜鹹香的甘甜味搭配著鮮美的豬絞肉，
吃的時候夾一塊肉，再舀湯汁淋在飯上，
這樣簡單的搭配就是最有溫度的家料理！

〔材料〕（2 人份）

豬絞肉…125 克
蒜頭…2 瓣（10 克）
蔥…2 根
罐裝蔭瓜罐頭…1/3 罐
（1 罐 140 克，替換任何瓜類罐頭都可以。）

調味料
蔭瓜汁…1 大匙
醬油…1/2 小匙
米酒…1/2 小匙
香油…1/2 小匙
白胡椒粉…1/4 小匙

〔作法〕

1 蔥切蔥花、蒜頭切末、蔭瓜切碎、絞肉買回家再剁碎一遍備用（小知識❶）。

2 接著將絞肉與蔥花、蒜末、蔭瓜碎及調味料混合。

3 捏成圓形狀放入盤中。

4 電鍋外鍋 1.5 杯水蒸 20～25 分鐘即完成！

—— 小知識 ——

❶ 絞肉再剁碎口感比較細緻。
❷ 不要蒸過頭，否則瓜仔肉會變得又硬又乾。

豆乾肉絲

這道料理重點在於豆乾必須用醬油水煮過，
此法可有效去掉豆腥味，還能讓炒出來的豆乾既入味又軟嫩，
是非常重要的小細節！

〔材料〕（3～4 人份）

五香豆乾…150 克
豬肉絲…100 克
蔥…2 根
蒜頭…3 瓣
辣椒…1/2 根
米酒…1 大匙
水…500cc
醬油…50cc

肉絲醃料
醬油…1 大匙
米酒…1 大匙
玉米粉…1/2 小匙

調味料
醬油…2 大匙
糖、白胡椒粉…1/2 小匙

〔作法〕

1 豆乾橫切片後切條、蔥白蔥綠分開切段、蒜頭切末、辣椒切圈、肉絲抓醃備用。

2 500cc滾水加入50cc醬油，將豆乾汆燙3分鐘（小知識）。

3 豆乾撈起備用。

4 鍋內下1大匙油，大火將肉絲炒至半熟，接著加入蔥白、蒜末及辣椒爆香。

5 再來下豆乾、30cc水及調味料，中火煨煮2分鐘。

6 起鍋前下蔥綠拌炒均勻即完成！

 小知識

豆乾煮過醬油水，一方面可去除生味，一方面可讓豆乾既滑嫩又入味。

古早味排骨

帶著五香風味的台式排骨，無論是學生或上班族都難以抵擋它的魅力！
自己動手做可一次醃大量，放在冷凍庫中保存，
想吃的時候拿出來煎一片，輕輕鬆鬆完成美味的主菜！

〔材料〕（6人份）

豬大里肌肉排…6 片（600 克）
蛋…1 顆
地瓜粉…3 大匙
食用油…1 大匙

醃料
水…3 大匙
醬油…3 大匙
米酒…1 大匙
蒜泥…1 大匙
糖…1 大匙

薑泥…1/2 大匙
白胡椒粉…1/2 大匙
黑胡椒粉 & 五香粉…1/2 小匙
鹽…1/4 小匙

Tips ....
五香粉提味用，不要貪多會苦！

〔作法〕

1 用刀尖戳肉斷筋。

2 切斷里肌肉白色的筋，避免煎的時候肉排捲曲。

3 最後用刀背輕拍肉使肉質軟嫩完成排骨前處理。

4 加入醃料。

5 用手抓拌肉排，至醃料被排骨全部吸收（約10分鐘）。

6 倒掉多餘的醃料，加入蛋、地瓜粉及食用油，拌均勻後，冷藏一晚備用（小知識❶、❷）。

7 醃漬完畢後，鍋內下1大匙油，中大火將一面煎上色。

8 翻面後再煎1分鐘即完成（小知識❸、❹、❺）。

──────── 小知識 ────────

❶加入食用油是避免冷藏時黏在一起。

❷加地瓜粉是避免煎炸時肉汁大量流失。

❸下鍋之前注意麵糊是否與肉排緊密沾附，若有脫漿現象可再補1～2大匙地瓜粉。

❹煎製時留意肉排側面，當側面泛白程度超過1/2時，代表可以翻了！

❺吃不完的冷凍，下次要煎時先回溫再煎即可。

泰式椒麻雞

捨棄油炸改用香煎方式，操作更簡易美味度不減，
煎至焦香的雞腿排淋上特調醬汁，搭配爽口的高麗菜，
一定能讓家人豎起大拇指説讚！

〔材料〕（1～2人份）

去骨雞腿排…1 片（350 克）
蒜頭…2 瓣（10 克）
香菜…5 克
辣椒…1 根

雞腿排醃料
鹽…1/2 小匙
米酒…1 大匙
白胡椒粉…1/2 小匙

調味料
醬油…1 大匙
魚露…1 大匙
糖…1 大匙
檸檬汁…2 大匙
香油…1/2 大匙

〔作法〕

1 高麗菜切絲、香菜、蒜頭、辣椒切碎與調味料混合，雞腿排肉面劃刀，抓醃15分鐘備用。

2 擦乾雞皮，鍋內不放油，雞皮面朝下入鍋。

3 接著上壓重物中小火煎5分鐘。

4 待表皮金黃翻面，蓋上鍋蓋中小火續煎5分鐘至熟透。

5 食用前舖上高麗菜絲，放上雞腿排後淋醬汁及完成。

 小知識　確認雞肉有沒有熟用筷子戳雞肉較厚處，若能輕鬆穿透即熟透。

麻油雞

說到冬令進補，
又油又香的麻油雞肯定是冬天不可少的人氣食補料理！
快學起來為家人暖暖身子吧！

〔材料〕（3～4 人份）

仿土雞腿…1 隻（700 克）　　米酒…400cc　　　　調味料
老薑…50 克　　　　　　　　水…400cc　　　　　鹽…1 大匙
黑麻油…4 大匙　　　　　　　枸杞…2 大匙　　　　冰糖…1/2 小匙
食用油…1/2 大匙　　　　　　紅棗…10 顆

〔作法〕

1 薑切片、紅棗劃開與枸杞泡水備用。

2 冷鍋下3大匙黑麻油及1/2大匙食用油，中小火煸薑片至捲曲起毛邊。

3 接著轉大火下雞肉拌炒至表面上色。

4 承上，加入400cc水、400cc米酒、紅棗及枸杞大火煮滾，接著轉中火續煮15分鐘（小知識）。

5 待雞肉熟透後，加入喜歡的蔬菜及火鍋料續煮5分鐘，起鍋前下調味料，最後再淋入1大匙黑麻油提味即完成。

 小知識　　水的部分可用雞高湯代替。

三杯雞

有別於一般三杯雞使用帶骨雞腿肉,本食譜採用去骨雞腿肉,
並先將雞肉醃過,後續採一鍋燒成的方式,烹調時間大大縮減,
且雞肉又嫩又入味,端上桌保證讚譽有加!

〔材料〕（3～4 人份）

去骨雞腿肉…500 克
黑麻油…2 大匙
食用油…1/2 大匙
米酒…1 大匙

老薑片…10 片
蒜頭…7 瓣
辣椒…1 根
九層塔…2 把（20 克）

雞肉醃料
醬油…2 大匙
米酒…1 大匙
白胡椒粉…1/4 小匙

調味料
醬油膏…2 大匙
冰糖…1 小匙

〔作法〕

1 薑切薄片、蒜頭去蒂頭、辣椒切圈、雞腿肉切3×3cm塊抓醃15分鐘備用。

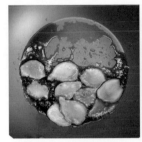

2 冷鍋下2大匙黑麻油及1/2大匙食用油，中小火煸薑片至捲曲起毛邊，接著放入蒜頭煸至呈金黃色。

3 承上，放入雞肉及辣椒，炒至雞肉半熟，加入1大匙米酒及調味料，中大火拌炒3分鐘至雞肉熟透，轉大火將醬汁收至濃稠（小知識❶、❷）。

4 關火下九層塔熱拌即完成（小知識❸）！

小知識

❶ 用醬油膏收汁快，醬汁也易濃稠！
❷ 使用帶骨雞肉者燒製時間要長一點，因骨頭連結肉處較不易熟！
❸ 九層塔記得要擦乾，不然好不容易收好的汁又變成湯湯水水！

宮保雞丁

宮保雞丁是一道世界級的名菜，
巧妙地將花椒的麻味、乾辣椒的香氣、鮮嫩彈牙的雞肉，
用小酸小甜的特調醬汁將三者融合在一起，最後撒上花生更是其特色標配，
吃起來口感豐富相當具有層次感！

〔材料〕（3〜4 人份）

雞里肌肉…8 條（300 克）
蔥…2 根
蒜頭…3 瓣
乾辣椒…5 克
蒜味花生…1 把（15 克）
花椒粒…1 大匙

雞肉醃料
醬油…1 大匙
米酒…1 大匙
玉米粉…1/2 小匙

調味料
醬油…2 大匙
米酒…1 大匙
番茄醬、白醋、白糖…1 大匙
玉米粉…1/2 大匙

Tips
本食譜雞肉份量只用了 2/3 調味料。

〔作法〕

1 蔥白蔥綠分開切段、蒜頭切末、調味料混合、雞里肌肉抓醃15分鐘備用（小知識❶）。

2 鍋內下1大匙油，中大火將雞肉炒至七分熟後起鍋。

3 原鍋洗淨下1大匙油，小火煸香花椒粒（約2分鐘）取出。

4 再來以中大火爆香蔥白、蒜末及乾辣椒（小知識❷）。

5 炒出香氣後放入雞丁與調味料。

6 待炒至雞肉熟透下蔥綠再次拌炒。

7 起鍋前撒入蒜味花生即完成。

小知識
❶調味料先調好，快炒時較不易手忙腳亂。
❷乾辣椒很容易黑掉，炒出香氣後要馬上下雞丁。

糖醋雞丁

鮮嫩的雞丁配上酸甜適中的醬汁，糖醋料理絕對是一道必學料理，
學會後便能舉一反三應用到不同的食材上，如：糖醋魚片、糖醋里肌，
做出更多不同的變化！

〔材料〕（3～4人份）

雞里肌肉…8條（300克）
彩椒（青黃紅）…1/4顆（各60克）
洋蔥…1/4顆（90克）
蒜頭…3瓣
玉米粉…100克
玉米粉水…2大匙

調味料

番茄醬…4大匙
白醋…4大匙
糖…4大匙
醬油…1/2大匙

雞肉醃料

醬油…1大匙
米酒…1大匙
玉米粉…1/2大匙

〔作法〕

1 蒜頭切末、雞里肌肉切3×3cm塊狀，抓醃15分鐘，彩椒及洋蔥切與雞丁相同大小塊狀、醋及糖先調成糖醋汁備用。

2 將醃好的雞肉均勻裹上薄薄的玉米粉。

3 起攝氏160度油鍋，下彩椒及洋蔥炸10秒取出瀝油。

4 隨後下雞丁炸2分鐘瀝油備用（小知識❶）。

5 用廚房紙巾吸掉多餘的油分。

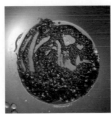
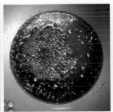

6 鍋內下1大匙油，爆香蒜末後下4大匙番茄醬炒至豔紅，接著下雞丁、洋蔥、彩椒、糖醋汁及1/2大匙醬油，拌炒均勻後下2大匙玉米粉水勾芡即完成（小知識❷、❸）！

小知識

❶ 炸雞丁時當泡泡越來越大，代表雞肉內部水分越來越少，此時就可以撈起，也可以看雞丁是否炸上色來判斷熟度。
❷ 番茄醬需要炒過才會顏色鮮豔且去除酸味。
❸ 可省略勾芡步驟。

鮮蝦粉絲煲

這是一道看似困難實則非常簡單的宴客菜，料理重點在於把蝦煎出蝦油，再讓粉絲吸飽充滿蝦油的醬汁，味道真的非常迷人！且蝦子事先有開背，不用勞煩賓客用手剝，更是非常貼心的小細節唷！

〔材料〕（3～4人份）

白蝦…14 隻（依家境增減）　　辣椒…1/2 根　　　　調味料
冬粉…3 球　　　　　　　　　　水…300cc　　　　　香菇素蠔油…3 大匙
薑…1 小塊（5 克）　　　　　　香油…1 小匙　　　　鹽、糖、白胡椒粉…1/2 小匙
蒜頭…2 瓣　　　　　　　　　　米酒…1 大匙

〔作法〕

1 蔥切蔥絲（蔥花亦可）、蒜頭與薑切末、冬粉泡水30分鐘至軟，剪成5cm小段、蝦子剪去鬍鬚，開背去腸泥備用（小知識❶）。

2 鍋內下2大匙油，大火煎蝦（小知識❷）。

3 煎至蝦殼酥脆取出。

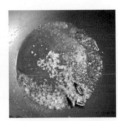

4 接著再利用煎蝦的油爆香蒜末、薑末與辣椒。

5 下3大匙香姑素蠔油炒香（小知識❸）。

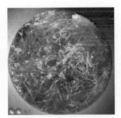

6 冉來放300cc水、冬粉、1大匙米酒及1/2小匙鹽、糖、白胡椒粉。

7 中大火滾煮3分鐘，放回蝦子再煮1分鐘，起鍋前點上1小匙香油即完成！

小知識

❶蝦子開背燒煮更入味。
❷一定要煎出紅色的蝦油才能進行下一步驟。
❸調味料要炒過才會有香氣。

滑蛋蝦仁

滑蛋系列的料理深受大人小孩的喜愛，
滑嫩的蛋液包裹 Q 彈有嚼勁的蝦仁，
熱騰騰拌著吃超級下飯！

〔材料〕（3～4 人份）

蝦仁…15 隻（依家境增減）　蝦仁醃料　　　　　調味料
蛋…5 顆　　　　　　　　　　米酒…1 大匙　　　醬油 1/2 大匙
蔥…2 根　　　　　　　　　　鹽…1/2 小匙
蒜頭…2 瓣（10 克）　　　　　玉米粉…1/2 小匙

〔作法〕

1　蔥切蔥花、蒜頭切末、蛋打散、蝦仁抓醃10分鐘備用。

2　鍋內下1大匙油，爆香蒜末後下蝦仁，炒至全熟。

3　將蝦仁連同蔥花及醬油，加入蛋液攪拌均勻備用。

4　將鍋子洗淨，下2大匙油，大火將油燒熱至飄煙（小知識❶）。

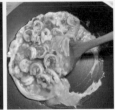

5　倒入蛋液後，待蛋液周圍產生裙邊，「關火」利用餘溫將蛋炒至7分熟即完成。（小知識❷）！

 小知識

❶油燒熱是關鍵，這樣蛋底部才能快速成形。
❷滑炒重點為底部的熟蛋不可往上翻，保持嫩蛋在上熟蛋在下。

蒜蓉粉絲蒸蝦

這是道外面喜宴或辦桌常見的大菜，現在在家也能完美複製，
絕對是一道出得了廳堂的宴客菜！除了鮮甜美味的蝦子外，
那吸滿蒜蓉醬汁與鮮蝦精華的粉絲，更是這道菜的本體呀！

〔材料〕（3～4 人份）

白蝦…10 隻（依家境增減）　　調味料
冬粉…1 球　　　　　　　　　　醬油…2 大匙
蔥…2 根　　　　　　　　　　　醬油膏…1 大匙
蒜頭…10 瓣　　　　　　　　　糖…1 小匙
豬油…3 大匙
食用油…2 大匙

〔作法〕

1 蔥切蔥花、蒜頭切末、白蝦去除鬍鬚對
　開（參考 P.29 蒜蓉蝦專用平開法）、冬
　粉泡水30分鐘至軟，剪成5cm小段備用
　（小知識❶）。

2 鍋內下3大匙豬油，中火爆香蒜頭後，加
　入調味料拌炒均勻備用（小知識❷）。

3 盤底先鋪冬粉，再
　放上處理好的白
　蝦，均勻淋上作法
　2的蒜蓉醬。

4 起一鍋滾水，將
　蝦放入大火蒸8分
　鐘。

5 最後燒2大匙食用
　油至飄煙，成品撒
　上蔥花後淋上熱油
　即完成（小知識
　❸）！

 小知識

❶不想泡冬粉可煮滾水將其煮軟備用。
❷蒜頭一定要爆香，不可生蒜直接放入，否則成品嗆味太重。
❸淋熱油在於激發蔥香，此步驟可省略。

鳳梨蝦球

酸甜的鳳梨鋪底，蝦球的香脆，加上美乃滋滑潤的口感，
真是道老少皆宜，宴客又大方的菜！
而且自己在家做，蝦仁可以無上限地放非常過癮！

〔材料〕（3～4 人份）

蝦仁…25 隻（依家境增減）	蝦仁醃料	醬汁
鳳梨…250 克	鹽…1/4 小匙	沙拉醬…1 條
玉米粉…100 克	米酒…1/2 大匙	檸檬汁…2 大匙
巧克力米…1 小匙	玉米粉…1/2 小匙	

〔作法〕

1 鳳梨切3x3cm塊、蝦仁開背去腸泥抓醃10分鐘備用。

2 將蝦均勻裹上玉米粉。

3 記得開背的地方要撒到，全部撒完可輕拍蝦仁讓多餘的粉落下，成品口感較好。

4 調好醬汁。

5 以攝氏180度油溫炸15秒撈起瀝油備用。（小知識）

6 將炸好的蝦仁、鳳梨及調味料放入碗中攪拌均勻，呈盤後撒上巧克力米即完成。

—小知識—

蝦仁易熟，炸15秒即可，切莫炸太久會使蝦肉變柴！

西班牙蒜蝦附法式魔杖

這是道著名的西班牙 Tapas（下酒小菜），
用細火慢製煉出的蒜蝦油將飽滿的蝦仁泡熟，
食用時把法國麵包抹上蒜蝦油，
連同蒜片及蝦仁一口咬下，真的是人間美味！

〔材料〕（4～6人份）

橄欖油…150cc
白蝦…20 隻（依家境增減）
蒜頭…10 瓣
乾辣椒…15 克（乾辣椒可用新鮮辣椒代替。）
巴西里…10 克（巴西里可用洋香菜粉代替。）

蝦仁醃料

白酒…1 大匙
鹽、白胡椒粉…1/4 小匙

調味料

鹽、黑胡椒、煙燻紅椒粉…1/2 小匙
（煙燻紅椒粉可省略。）

〔作法〕

1 白蝦剝殼後，將蝦仁開背去腸泥後抓醃5分鐘、蝦頭與蝦殼待用、蒜頭切片、巴西里切碎備用。

2 鍋內下150cc橄欖油（油量足夠蓋到蝦殼一半高度），中小火煸蝦頭及蝦殼（約5～6分鐘）（小知識）。

3 可用鍋鏟壓蝦頭擠出蝦膏，煉出蝦油後（油呈現紅色狀），過濾蝦頭及蝦殼備用。

4 承上，中小火加入蒜片煸至蒜片軟化（約8～10分鐘）。

5 下乾辣椒、蝦仁及煙燻紅椒粉，保持中小火以油泡方式泡熟蝦仁，起鍋前撒上鹽、黑胡椒及巴西里即完成！食用時，將法國長棍麵包斜切片烤至微酥，抹上煎蝦的蒜油，放上蝦仁即可享用。

 小知識　這道菜橄欖油要多一點，因後續要沾麵包！

159

塔香蛤蠣

這是道香辣帶勁、鹹中帶鮮的超下飯料理，
隨時炒一盤當下酒菜也很適合！

〔材料〕（2～3 人份）

蛤蠣…400 克
蒜頭…2 瓣
嫩薑…1 塊（5 克）
小辣椒…1 根
九層塔…2 大把（20 克）

調味料
醬油膏…2 大匙
米酒…1 大匙

〔作法〕

1 蒜頭切末、嫩薑切絲、
辣椒切圈、九層塔洗淨
擦乾備用。

2 鍋內下1大匙油，中火爆香薑絲、蒜頭及辣椒，飄香
後放入蛤蠣、米酒及醬油膏。

3 蓋上鍋蓋燜1～2分鐘，待蛤蠣打開後，加入九層塔
拌炒均勻即完成（小知識）！

小知識　使用不沾鍋盡量避免翻鍋，以免塗層受傷唷，僅可做簡單的拌炒或
是晃動。

三杯中卷

這道料理重點在於中卷必須先燙過，
拌炒時才不會一直出水無法收汁，
導致成品醬汁不夠濃稠，
且中卷跟醬汁兩者味道分離！

〔材料〕（2〜3 人份）

中卷…1 條（300 克）
黑麻油…2 大匙
食用油…1/2 大匙
米酒…1 大匙
老薑…8 片
蒜頭…8 瓣
辣椒…1 根
九層塔…2 把（20 克）

調味料
醬油膏…2 大匙
冰糖…1 小匙

〔作法〕

1 薑切薄片、蒜頭去蒂頭、辣椒切圈、中卷去除內臟及軟骨洗淨切圈備用。

2 冷鍋下2大匙黑麻油及1/2大匙食用油，中小火煸薑片至捲曲起毛邊，接著放入蒜頭煸至呈金黃色備用。

3 煮鍋滾水，關火後將中卷放入泡30秒取出。

4 將中卷連同辣椒放入作法2，再來下1大匙米酒及調味料，中大火拌炒1分鐘（小知識❶）。

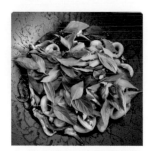

5 待中卷熟透且醬汁濃稠，關火下九層塔熱拌即完成（小知識❷）！

小知識

❶中卷不要炒太久否則容易老！
❷九層塔記得要擦乾，不然好不容易收好的汁又變湯湯水水！

泰式檸檬魚

這道菜嚐起來酸鮮為主香辣為輔，
做法不難只要把魚處理乾淨，
並掌握好蒸魚的時間就可以輕鬆完成囉！

〔材料〕（3～4人份）

午仔魚…1 條（300 克）　　蔥…2 根　　　　醃料　　　　　　調味料
蒜頭…5 瓣（30 克）　　　　薑片…3 片　　　米酒…1 大匙　　檸檬汁…2 大匙
小辣椒…2 根　　　　　　　香菜…1 把　　　鹽…1 小匙　　　魚露…2 大匙
檸檬…1 顆　　　　　　　　　　　　　　　　　　　　　　　　水…1 大匙
　　　　　　　　　　　　　　　　　　　　　　　　　　　　　糖…1 大匙

〔作法〕

1 午仔魚魚身劃3刀醃10分鐘、檸檬切4片半月形擺盤用，剩餘擠成汁、蔥白切段、薑切片、香菜、蒜頭、辣椒切碎備用（小知識❶、❷）。

2 香菜、蒜頭、辣椒碎與調味料混合均勻備用。

3 用刀劃開魚肚中骨頭上的血塊（腥味來源）。

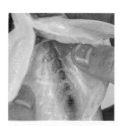

4 徹底清洗乾淨至無殘留。

5 盤底放蔥段（幫助熱氣對流）。

6 將魚放在盤子上並在肚中塞入薑片。

7 水煮滾後大火蒸8分鐘取出（小知識❸）。

8 魚蒸至眼睛泛白凸出來，用筷了戳魚肉最厚處，可輕易穿透為熟的標準。接著倒掉湯汁，去除蔥段與薑片，最後淋上調味料即完成。

小知識

❶ 魚身劃刀可幫助均勻受熱及後續醬汁入味。
❷ 小知識：鹽可以提鮮並讓腥水得以流出，但不宜醃太久以免魚肉乾柴，建議10分鐘較佳！
❸ 魚半斤蒸8分，一斤蒸16分，可自行推估時間。

紅燒午仔魚

細緻的午仔魚，用特製的紅燒醬燒入味，
拿來配飯保證大人小孩都喜歡，
端上桌也非常有面子！

〔材料〕（3～4 人份）

午仔魚…1 條（300 克）
蔥…3 根
蒜頭…4 瓣
嫩薑…2 片（20 克）
辣椒…1 根
水…300cc

調味料（紅燒醬：預先調好）
米酒…1 大匙
醬油…1 大匙
香菇素蠔油…1 大匙
糖…1/4 小匙
白胡椒粉…1/4 小匙

〔作法〕

1 午仔魚魚身劃 3 刀、蔥白蔥綠切段、嫩薑切絲、蒜頭切片、辣椒切圈（小知識❶、❷）。

2 用刀劃開魚肚中骨頭上的血塊（腥味來源）。

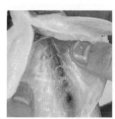

3 徹底清洗乾淨至無殘留。

4 將魚表面擦乾，鍋內下 1 大匙油燒熱，兩手提著魚頭魚尾平放入鍋。

5 中火將兩面各煎 2 分鐘至表面金黃，爆香蔥白、薑絲、蒜片與辣椒。

6 倒入紅燒醬，加水 300cc 至魚身 1/2 處煮滾。

7 不蓋鍋蓋轉中火燒 6 分鐘，燒的時候可用湯匙輔助，將醬汁淋在魚身。

8 燒至醬汁濃稠，最後加入蔥綠即完成。

小知識

❶ 魚身劃刀可幫助均勻受熱及後續醬汁入味。
❷ 紅燒非清蒸，後續醬汁已有鹹味故魚不必醃。

蟹黃豆腐煲

這是道外面餐廳常吃到的高檔菜,所謂蟹黃是紅蘿蔔跟鹹蛋黃做出擬真的蟹黃醬,
吃起來完全不會有討人厭的紅蘿蔔生味,
取而代之的是香甜的風味還有金沙的綿密,非常有層次感!

〔材料〕（3～4人份）

蝦仁…10 隻（依家境增減）
蛤蠣…300 克
雞蛋豆腐…1 盒
紅蘿蔔泥…1/2 根（150 克）
蔥…1 根
薑末…3 克
鹹蛋黃…2 顆（30 克）
水…350cc（可換雞高湯）
玉米粉水…3 大匙

蝦仁醃料
鹽…1/4 小匙
米酒…1/2 大匙
玉米粉…1/2 小匙

調味料
鰹魚粉…1 小匙（可換烹大師等調味粉）
鹽、白胡椒粉、香油…1/4 小匙

〔作法〕

 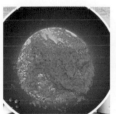 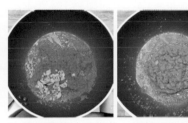

1 蔥切蔥花、雞蛋豆腐切2x2cm塊、紅蘿蔔磨成泥、鹹蛋黃壓扁後切碎、蝦仁開背去腸泥後抓醃10分鐘備用。

2 鍋內下4大匙油及紅蘿蔔泥，中大火拌炒3分鐘（小知識❶）。

3 待紅蘿蔔炒至糊狀，下鹹蛋黃繼續炒3分鐘，至兩者融合取出備用（小知識❷）。

  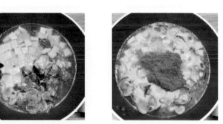

4 原鍋洗淨擦乾，中火爆香薑末。

5 接著轉大火下雞蛋豆腐、蛤蠣、350cc水及鰹魚粉。

6 待蛤蠣開了七成，放蝦仁煮熟，再來加入蟹黃醬、鹽及白胡椒粉。

7 最後下玉米粉水勾芡，起鍋前點上香油撒上蔥花即完成！

小知識

❶ 炒紅蘿蔔油要略多些才能炒出甜味。
❷ 此成品就是蟹黃醬。

Part 6

30 分鐘噴香家常料理
蛋豆蔬菜料理篇

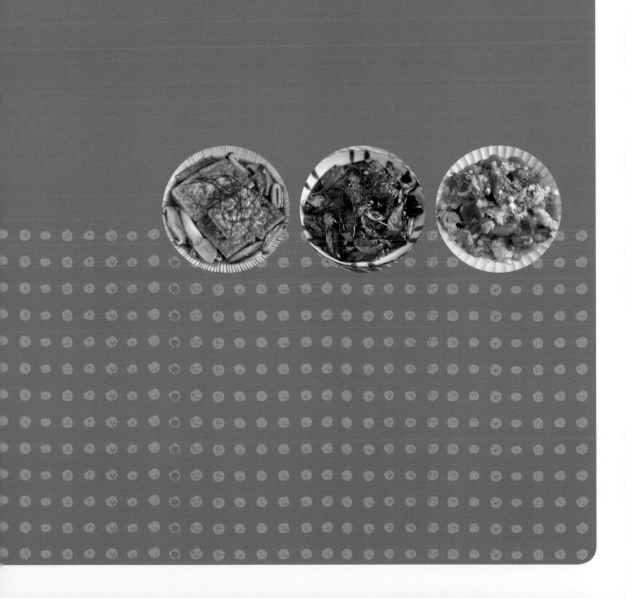

麻 婆 豆 腐

麻婆豆腐包羅了麻、辣、鮮、香等元素，是道開胃的下飯料理！料理重點
在於豆腐必須過熱鹽水，幫助入味且不易破，另外還有勾芡的小技巧也是
重要的小細節，掌握這些關鍵步驟，在家便能燒出跟餐廳一樣等級的麻婆
豆腐！

〔材料〕（3～4 人份）

豬絞肉…150 克
蔥…2 根
蒜頭…2 瓣
米酒…1 大匙

中華豆腐…1 盒
花椒粉…1/2 小匙
水…150cc
玉米粉水…2 大匙

調味料
辣豆瓣醬…1.5 大匙
醬油…1.5 大匙
糖…1/2 大匙
白胡椒粉…1/4 小匙

〔作法〕

1 蔥切蔥花、蒜頭切末、豆腐切2×2cm丁狀、起一鍋1000cc滾水加2大匙鹽，將豆腐丁放入後關火浸泡5分鐘備用（小知識❶）。

2 鍋內下1大匙油，中火爆香蒜末後，下絞肉炒至熟透且鬆散。

3 再來加入1大匙米酒及調味料將絞肉炒上色。

4 最後加150cc水與豆腐（水加至豆腐1/2處），大火煮滾轉中小火煨煮豆腐入味。

5 承上，煨煮4分鐘時下1大匙玉米粉水，豆腐用推的方式將芡汁均勻推散（小知識❸）。

6 接著煨煮1分鐘後，再下1大匙玉米粉水，煮製醬汁呈濃稠狀（小知識❹）。

7 最後撒上蔥花及花椒粉即完成！

 小知識

❶ 泡鹽水可有效去除豆腥味及豆腐中水分，使豆腐緊實不易破亦讓豆腐入味且滑嫩。
❷ 煨煮請轉中小火，大火豆腐易破。
❸ 豆腐務必用鍋鏟推，不要有翻炒的動作才不會破掉。
❹ 此菜請使用兩次勾芡法，確保芡汁濃稠。

紅燒豆腐

煎至金黃酥脆的豆腐吸飽了特調的香菇紅燒醬汁，
一口咬下又嫩又入味，
真的好吃極了！

〔材料〕（2～3人份）

雞蛋豆腐…1盒（雞蛋豆腐可換板豆腐）
香菇…2朵
蔥…3根
蒜頭…2瓣（10克）
辣椒…1根
水…100cc
香油…1/4小匙

調味料（紅燒醬，預先調好）
米酒…1大匙
醬油…1大匙
香菇素蠔油…1大匙
糖…1/4小匙
白胡椒粉…1/4小匙

〔作法〕

1 雞蛋豆腐切塊、蔥白蔥綠分開切段、蒜頭及香菇切片、辣椒切圈、上述調味料混合成紅燒醬備用（小知識❶）。

2 豆腐表面水分擦乾，鍋內下2大匙油，接著將豆腐依序放入並用中火煎3分鐘。

3 待底部煎至金黃後，「關火」將全部豆腐翻面，翻完重新開火將另一面也煎金黃起鍋備用（小知識❷、❸）。

4 將豆腐推至一旁，爆香蔥白、蒜片、辣椒及香菇。

5 加入紅燒醬及100cc水（水與豆腐齊高），中大火滾煮至剩1/3的醬汁。

6 下蔥綠拌炒，起鍋前點上香油即完成。

小知識

❶ 豆腐不必切太薄以免不好翻，吃起來亦不飽嘴。
❷ 翻面時請關火，開著火若速度較慢，其他的豆腐容易焦掉！
❸ 利用鍋身輔助翻面，大大增加成功率。

金沙杏鮑菇

特調金沙醬配上多汁鮮甜的杏鮑菇，
做再多回也不膩！
更可以利用金沙醬做更多食材上的變化！（如：金沙中卷、金沙茭白筍）

〔材料〕（2～3人份）

杏鮑菇…300克（3根）　　水…1大匙　　　調味料
鹹蛋黃…45克（3顆）　　蔥…2根　　　　糖…1/2大匙
鹹蛋白…45克（1.5顆）　蒜頭…2瓣
米酒…1大匙　　　　　　辣椒…1根

〔作法〕

1 杏鮑菇切滾刀塊、
鹹蛋黃壓成泥剁
碎、鹹蛋白切小
丁、蔥切蔥花、蒜
頭切末、辣椒切
圈備用（小知識
❶、❷）。

2 鍋內下1大匙油，
放入杏鮑菇。

3 煎至表面金黃且軟
化取出備用。

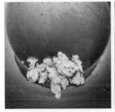　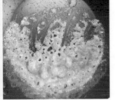　　

4 接著鍋內下2大匙油燒熱，放入鹹蛋黃中
火炒至冒泡（小知識❸）。

5 再來下蔥花、蒜末
及辣椒拌炒均勻。

6 承上，倒入1大匙
米酒及水煮滾成
金沙醬（小知識
❹、❺）。

7 再放入杏鮑菇拌炒
均勻。

8 最後下糖及鹹蛋白
丁，再次拌炒均勻
即完成！

小知識

❶ 鹹蛋黃壓成泥才好炒開。
❷ 鹹蛋白切成丁較有口感。
❸ 油要熱才能炒出流沙狀。
❹ 加米酒跟水可去腥，且保持水潤口
　感不過乾！
❺ 水量不要一股腦加過多，讓整道菜
　變得湯湯水水唷！

鹹蛋苦瓜

這道料理重點在於如何去除苦瓜的苦味，
經過處理後的苦瓜，絕對能讓討厭苦瓜的人，
接受並愛上這道熱炒料理唷！

〔材料〕（2～3人份）

山苦瓜…1條（400克）　　水…1大匙　　　　　調味料
鹹蛋黃…45克（3顆）　　　蔥…2根　　　　　　糖…1/2大匙
鹹蛋白…45克（1.5顆）　　蒜頭…2瓣
米酒…1大匙　　　　　　　辣椒…1根

〔作法〕

1 山苦瓜用湯匙將苦瓜籽及白色膜刮除後切0.5cm薄片、鹹蛋黃壓成泥再剁碎、鹹蛋白切小丁、蔥切蔥花、蒜頭切末、辣椒切圈備用（小知識❶）。

2 將山苦瓜滾水汆燙至軟（約2分鐘）取出備用。

  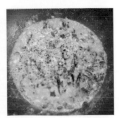

3 接著鍋內下2大匙油燒熱，放入鹹蛋黃中火炒至冒泡（小知識❷）。

4 下蔥花、蒜末及辣椒拌炒均勻。

5 倒入1大匙米酒及水煮滾成金沙醬（小知識❸、❹）。

6 放入山苦瓜拌炒均勻。

7 最後下糖及鹹蛋白丁，再次拌炒均勻即完成！

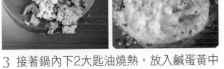

小知識

❶ 山苦瓜切薄片口感才會好。
❷ 油要熱才能炒出流沙狀。
❸ 加米酒跟水可去腥且保持水潤口感不過乾！
❹ 水量不要一股腦加過多，讓整道菜變得湯湯水水唷！

樹子炒水蓮

水蓮吃的是脆口度，千萬不能久炒，
先將肉絲及醬汁味道調好，再大火將水蓮炒至微軟立馬取出不戀棧，
即能完成這道美味料理囉！

〔材料〕（2～3 人份）

水蓮…1 包（150 克）
豬肉絲…80 克
新鮮香菇…2 朵
嫩薑…5 克
米酒…1 大匙
水…50cc

肉絲醃料

醬油…1 大匙
米酒…1 大匙
玉米粉…1/2 小匙

調味料

樹子…2 大匙（含湯汁）
鹽…1/4 小匙

〔作法〕

1 薑及香菇切絲、肉絲抓醃 15 分鐘、水蓮洗淨切 8 公分長度泡水備用（小知識❶）。

2 鍋內下 1 大匙油，爆香薑絲及香菇。

3 接著下豬肉絲炒至半熟。

4 再來加入米酒及調味料煮滾。（小知識❷）。

5 最後下水蓮大火拌炒 20～30 秒即完成（小知識❸）。

小知識

❶ 水蓮的莖內部如海綿，市場購入後已乾掉，需泡水使其重新富含水分，炒起來才能保持鮮嫩！
❷ 先確認湯汁味道，後續讓每一根水蓮都吸附湯汁就很夠味！
❸ 炒水蓮最忌軟爛，用鍋鏟感受到其開始變軟即可盛盤！

金菇豆皮

這道菜是知名餐廳料理，
自己在家做才能吃得過癮，使用的是素沙茶，
全素者亦可享用這道美味料理唷！

〔材料〕（2～3人份）

乾豆皮…100 克
金針菇…1 包（180 克）
薑片…2 片
水…300cc

調味料
素沙茶醬…2 大匙
醬油…1 大匙
黑麻油…1 大匙
黑胡椒…1 小匙
鹽、白糖、烏醋、五香粉…
各 1/4 小匙

小知識

豆皮不夠軟或是金針
菇下太多可補水，最
後收汁至原水量1/3味
道剛好！

〔作法〕

1 金針菇對切，薑切片備用。

2 起一鍋滾水汆燙乾豆皮至軟取出備用。

3 鍋子洗淨後放入薑片、汆燙後的豆皮、300cc水及調味料，大火煮滾轉中小火（不加蓋），煨煮10分鐘至豆皮入味。

4 最後放入金針菇，續煮3分鐘即完成（小知識）。

course

7

美式炒蛋

滑嫩的美式炒蛋是美式早餐必備經典料理，
入口即化，鬆軟綿密的口感讓人難以忘懷！

〔材料〕（2 人份）

蛋…2 顆
奶油…10 克
牛奶…30cc

調味料
鹽、糖…1/4 小匙
洋香菜粉…1/4 小匙

Tips
蛋打散加入牛奶、鹽及糖混
合均勻。

── 小 知 識 ──

蛋要保持濕潤感才算
成功。

Part 6 ● **30 分鐘噴香家常料理** — 蛋豆蔬菜料理篇

〔作法〕

1 鍋內下10克奶油，
開中火融化。

2 加入蛋液。

3 待蛋液周圍開始凝
固，前後推動輕輕
拌炒。

4 炒至 7 分熟即完
成，食用時撒上洋
香菜做裝飾。

番茄滑蛋

番茄炒蛋是每個人家中的必備家常菜，個人喜歡蛋吃起來滑嫩的口感，
因此改變作法變成番茄滑蛋，濃郁的番茄醬汁搭配著滑蛋，
拌著熱騰騰的白飯真的是好吃極了！

〔材料〕（2～3人份）

牛番茄…2顆（400克）　　調味料
蛋…4顆　　　　　　　　　番茄醬…2大匙
蔥…2根　　　　　　　　　醬油…1/2大匙
水…30cc　　　　　　　　鹽…1/4小匙

〔作法〕

1　牛番茄切塊、蛋打散、蔥切蔥花備用。

2　鍋內下1大匙油，中火爆香一半量的蔥
　花，接著放入番茄中火炒軟，再來下調
　味料拌炒均勻取出備用。

3　鍋子洗淨擦乾，鍋
　內下1大匙油，將
　蛋炒至7成熟（可
　參考P.183美式炒
　蛋作法）。

4　放回炒過的番茄拌
　炒均勻。

5　起鍋前加入蔥花即
　完成。

螞蟻上樹

螞蟻上樹是四川的傳統名菜，這道菜是以形象得名，
菜裝盤之後，肉末黏在粉絲上面，
看似螞蟻黏在樹枝上。

〔材料〕（3～4人份）

豬絞肉…150克
冬粉…2球
蔥…2根
薑…1小塊（5克）

蒜頭…3瓣（15克）
水…300cc
香油…1/4小匙

調味料
辣豆瓣醬…2.5大匙
醬油…2大匙
糖…1小匙
白胡椒粉…1/2小匙

〔作法〕

1 蔥切蔥花、薑與蒜頭切末，冬粉泡水30分鐘至軟，剪成5cm小段備用。

2 鍋內下1大匙油，中火爆香蒜末後，下絞肉炒至熟透且鬆散。

3 接著下調味料將絞肉炒至上色。

4 再來下冬粉並加300cc水淹過材料，煮3分鐘至冬粉入味（小知識）。

5 撒上蔥花點上香油即完成。

小知識

若烹煮時水被吸乾，可適時補50cc水。

塔香茄子

亮紫色的茄子讓人看了食欲大開，
且台灣的茄子皮薄軟糯，吸飽鹹香辣的醬汁後，
加上九層塔更是台菜獨特風味！

〔材料〕（2～3 人份）

茄子…2 條（250 克）　　辣椒…1 根　　　　調味料
蔥…3 根　　　　　　　　九層塔…30 克　　　醬油膏…1 大匙
蒜頭…3 瓣　　　　　　　米酒…1 大匙　　　　辣豆瓣醬…1/2 大匙
　　　　　　　　　　　　　　　　　　　　　糖…1/2 小匙
　　　　　　　　　　　　　　　　　　　　　烏醋…1/4 小匙

〔作法〕

1 茄子切滾刀塊、蔥白蔥綠分開切段、蒜頭切片、辣椒切圈備用。

2 起攝氏170度油鍋炸茄子，炸至茄子軟化（約2分鐘）取出瀝油備用（小知識）。

3 鍋內下1大匙油，爆香蔥白、蒜片及辣椒。

4 接著下辣豆瓣醬炒紅。

5 再來下茄子、米酒、糖及醬油膏，中火煮2分鐘至醬汁濃稠。

6 最後放入蔥綠及九層塔，拌炒均勻即完成。

小知識

茄子以900W火力微波2分鐘，一樣能保持亮紫色。

太陽蛋

運用模具跟小火慢煎，
即能做出這道如同模型般完美的太陽蛋唷！

〔材料〕（1人份）

蛋…1 顆

〔作法〕

1 蛋打在碗中。

2 模具周邊上油備用。

3 冷鍋下1大匙油，將蛋放入並用湯匙將蛋黃保持在中間。

4 小火加熱至蛋白凝固。

5 蓋上鍋蓋燜1分鐘即完成（小知識 ❶、❷）。

小知識

❶全程小火不易產生氣泡成品較完美。

❷取出蛋可用牙籤輔助，在模具周圍輕劃脫模。

水 波 蛋

這道料理使用的蛋要夠新鮮，
否則難以成形，導致失敗率偏高！

〔材料〕（1人份）

蛋…1 顆
水…1000cc

〔作法〕

1 蛋先打在碗中。

2 1000cc水煮滾備用。

3 用筷子順時針做出漩渦。

4 放入蛋。

5 蓋上鍋蓋燜3分鐘即完成。

── 小知識 ──

使用的蛋務必要新鮮
否則蛋白難以凝聚成
型。

13 溏心蛋

常常有人會把溏心蛋跟溫泉蛋搞混，
溏心蛋特色是「蛋白熟、蛋黃半熟不凝固」，
且須經醬油、味醂等調味料醃漬，才能成就這番美味。

〔材料〕（4人份）

材料（4人份）
蛋…4顆
水…1500cc

醬汁
醬油…150cc
味醂…150cc
飲用水…150cc

小知識

❶ 煮蛋的前3分鐘請不
斷攪拌確保蛋黃可
以保持在中間。
❷ 蛋的熟度可簡單以
大火滾煮時間推
算，煮5分鐘為5分
熟、6分鐘為6分熟
以此類推！

〔作法〕

1 蛋放室溫回溫、
1500cc水煮滾放
入蛋。

2 大火滾煮6分鐘。
（小知識❶、
❷）

3 取出冰鎮5分鐘。

4 泡在水中剝殼（比
較好剝）。

5 將蛋放入醬汁冷
藏8～12小時即完
成。（醬汁不夠可
鋪上廚房紙巾，幫
助上層蛋白上色。

溫泉蛋

溫泉蛋也被稱為日式煮雞蛋，
其特色為「蛋黃半熟、蛋白亦為半凝固狀態」，
食用時只需要淋上特調醬汁即完成！

〔材料〕（4 人份）

蛋…4 顆
滾水…1000cc
常溫水…300cc

醬汁
醬油…1 大匙
味醂…1 大匙
日式高湯…10 大匙

〔作法〕

1 醬汁混合均勻，
蛋放室溫回溫、
1000cc水煮滾。

2 加入300cc常溫飲
用水。

3 放入蛋後蓋上鍋蓋
燜13分鐘。

4 冰鎮5分鐘，食用
時加入2大匙醬汁
及撒上蔥花即完
成。

日式茶碗蒸

這道料理因使用茶杯作為容器而得名，作法類似中式蒸蛋，
差別在於蛋跟高湯比例不一樣，口感亦不盡相同，
且日式茶碗蒸喜歡在配料上下功夫，具有因地制宜多變化的特色！

〔材料〕（4～6人份）

蛋…3顆（180克）　　雞胸肉…60克　　　雞肉醃料　　　調味料
高湯…360cc　　　　Tips.............　醬油…1小匙　醬油…1小匙
鴻喜菇…30克　　　　蛋液與高湯比例為1:2。　米酒…1/4小匙　米酒…1小匙
日式魚板…20克　　　　　　　　　　　　　　　　　　　味醂…1/4小匙

〔作法〕

1 蛋打散、鴻喜菇去根部剝散、蝦仁去腸泥、魚板對切及雞胸肉切丁抓醃備用。

2 將高湯、蛋液與調味料混合後過篩（小知識❶）。

3 接著碗中依序放入雞胸肉30克、鴻喜菇15克、魚板10克，再來倒入蛋液與食材等高備用。

4 承上，大火將水煮滾轉小火放入作法3

5 鍋蓋上夾1根筷子留下縫隙（小知識❷）。

6 小火蒸16分鐘即完成。

 小知識

❶ 過篩可以讓蒸蛋表面更光滑。
❷ 夾1根筷子讓蒸氣能出來，亦避免蛋膨脹太快，造成凹凸不平的大氣孔。

韓式陶鍋蒸蛋

韓式蒸蛋雖叫做蒸蛋，但並非是用水蒸方式，
而是用直火加熱蒸烤出來的！要成功做出來只要了解科學原理，
前面先做出半熟嫩蛋，後面再靠水蒸氣把蛋液撐高即完成！

〔材料〕（2～3 人份）

雞蛋…6 顆（300cc）
水…100cc

調味料
鹽、糖…各 1/2 小匙

Tips..
❶ 本次使用鍋具為韓式陶鍋 3 號鍋。
❷ 以上是最基本調味，水的部分可以更換自己喜愛的高湯底，韓國一般用鳳尾魚（小魚乾）昆布湯底。

〔作法〕

1 蛋打散、切好蔥化、備好韓式陶鍋、水。

2 將水與蛋液攪拌均勻，再倒入陶鍋中火加熱（小知識❶、❷）。

3 加熱期間用湯匙不斷攪拌，特別注意一定要刮底部避免燒焦！

4 承上，攪拌至蛋開始出現結塊狀開始留意。

5 待蛋呈現 7～8 分熟（結塊多但仍有水分）（小知識❸）。

6 此時蓋上碗轉小火蒸煮 2 分鐘，開蓋撒入蔥花即完成！

小知識

❶ 冷水開始煮起，成品的蛋會比較嫩，先煮熱水才倒入蛋，口感類似蛋花湯。
❷ 蛋液與水先混合可有效測量陶鍋深度。
❸ 蛋會因為水蒸氣慢慢膨脹，不必追求要膨脹到很高，成品蛋夠嫩才是重點！

Part 7

60 分鐘淬鍊的好滋味
用時間換取的美味

香滷牛腱

老少咸宜的滷牛腱做法簡單又美味，
低卡又富含蛋白質，可以放涼切片吃，
更可以鋪在湯上熱熱吃！

〔材料〕（4～6 人份）

牛腱⋯2 條（1000 克）
蔥⋯3 根
薑片⋯3 片
蒜頭⋯6 瓣（60 克）
八角⋯1 顆
洋蔥⋯1/2 顆（180 克）

月桂葉⋯1 片
花椒粒⋯20～30 粒
乾辣椒⋯15 克

Tips⋯⋯⋯⋯⋯⋯
可換新鮮小辣椒1根。

調味料
醬油⋯150cc
水⋯950cc
米酒⋯100cc
辣豆瓣醬⋯2 大匙

冰糖⋯1.5 大匙

Tips⋯⋯⋯⋯⋯
因辣豆瓣醬已有鹹
度，故醬油：（水
+米酒）為1：7。

〔作法〕

1 將中藥材裝進滷包
袋、洋蔥切片、蔥
整條綁起來（取出
方便）、薑切片、
蒜頭去蒂頭備用。

2 煮一鍋滾水汆燙
牛腱1分鐘取出備
用。

3 鍋內下1大匙油，
爆香蔥、薑、蒜、
洋蔥及乾辣椒。

4 接著下辣豆瓣醬、
醬油及冰糖拌炒均
勻。

5 最後將牛腱、滷
包、米酒及水倒入
鍋中（水分要淹過
食材），「人火」
煮滾撇去浮沫，再
轉「小火」燉1.5
小時，（小知識
❶、❷、❸）。

6 以筷子戳牛腱，若
能輕易穿透即完
成。

7 承上，關火過濾滷
汁（去除滷包、蔥
段、蒜頭、薑片及
洋蔥泥）留下牛
腱，待滷汁放涼，
冷藏浸泡1晚（小
知識❹）。

8 取出切片，淋上香
油和蔥花即完成。

小 知 識

❶ 務必撇去浮沫，否則等於連雜質一起燉，成品味道會很雜。
❷ 用電鍋者外鍋3杯水，跳起燜10分鐘即可。
❸ 滷汁味道要比喝湯再鹹一點，燉煮後就會剛好。
❹ 放涼燜著食材才能真正入味，這一步不可省。

紅燒牛肉麵 & 燴飯

牛肉麵是臺灣代表料理,軟而不爛且入味的牛肉,膠質在口中微微的黏牙感讓人無法抗拒。湯頭使用洋蔥及紅白蘿蔔作基底,天然的甜味讓本應是重口味的湯頭嘗起來清爽又解膩!其湯汁勾芡後即成紅燒牛肉燴飯,滷一次有兩種吃法 CP 值超高!

〔材料〕(4~6人份)

牛肋條…1000 克
洋蔥…1/2 顆(180 克)
紅蘿蔔…1 根(360 克)
白蘿蔔…1/2 根(360 克)
蔥…4 根
薑片…4 片
蒜頭…6 瓣(60 克)
小辣椒…1 根

中藥材

八角…1 顆
月桂葉…1 片
花椒粒…20 ~ 30 粒

調味料

醬油…150cc
水…1400cc
米酒…100cc
辣豆瓣醬…4 大匙
番茄醬…4 大匙
冰糖…1.5 大匙

Tips……………………
因辣豆瓣醬已有鹹度,故醬油:(水+米酒)為1:10

〔作法〕

1 將中藥材裝進滷包袋、牛肋條細的切5公分長條狀，厚的切3公分塊狀，紅白蘿蔔滾刀切塊、洋蔥切片、蔥整條綁起來（取出方便）、薑切片、蒜頭去蒂頭、小辣椒對切備用（小知識❶）。

2 鍋內不放油中火煎香牛肉（小知識❷）。

3 表面上色後放入蔥、薑、蒜及辣椒爆香。

4 接著下辣豆瓣醬、番茄醬、冰糖、及醬油拌炒均勻。

6 開大火煮滾撇去浮沫，再轉小火燉1.5小時（小知識❹、❺）。

7 1.5小時後確認味道，並以筷子戳牛肋條，若能輕易穿透即可。

8 接著關火過濾滷汁（去除滷包、蔥段、蒜頭、薑片及洋蔥泥），冷藏1晚即完成（小知識❻）。

5 最後連同洋蔥、紅、白蘿蔔、滷包，100cc米酒及1400cc水放入鍋中（水分要淹過食材）（小知識❸）。

9 做燴飯者取150cc滷汁，以2大匙玉米粉水勾芡即可。

小 知 識

❶ 牛肋條煮了會縮，必須取大塊成品才好看。

❷ 牛肋條較油可以不用放油去煎。

❸ 滷汁味道要比喝湯再鹹一點，燉煮後就會剛好。

❹ 煮滾後務必撇去浮沫，否則等於是連雜質一起燉，成品味道會很雜。

❺ 若用電鍋者外鍋3杯水，跳起燜10分鐘即可。

❻ 放涼燜著食材才能真正入味，這一步不可省。

香滷雞腿

香噴噴又鮮嫩多汁的滷雞腿，不管是單吃或是作為便當菜都是不二首選！
特別注意雞腿腳踝處皮較嫩，必須用浸泡方式，
才能讓踝骨不外露保持美觀唷！

〔材料〕（4人份）

棒棒腿…4 隻
蔥…4 根
薑片…2 片
蒜頭…4 瓣（20 克）
辣椒…1/2 根

香料

八角…1 顆
月桂葉…1 片
花椒粒…20 ～ 30 粒

Tips..
可用市售滷包代替上述材料。

調味料

醬油…150cc
米酒…50cc
水…550cc
冰糖…1/2 大匙

Tips..
醬油（150cc）：水（550cc）+
米酒（50cc）=1：4

Part 7 ● 60 分鐘淬鍊的好滋味 — 用時間換取的美味

〔作法〕

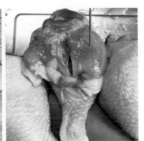

1 蒜頭拍碎、棒棒腿背後劃深刀，並用牙籤在肉上戳小洞備用（小知識❶）。

2 鍋內下1大匙油，爆香蔥、薑、蒜及中藥材。

3 放入燉鍋並加入調味料，接著大火煮滾轉小火煮10分鐘（小知識❷）。

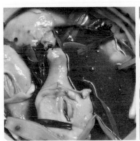

4 放入雞腿，小火煮15分鐘後，蓋上鍋蓋關火燜2小時即完成（中間需翻面一次讓顏色均勻）（小知識❸、❹、❺）。

 小知識

❶ 戳洞可幫助快速入味。
❷ 因雞腿滷製時間短，必須先將香料味道滾煮出來。
❸ 滷汁味道要比喝湯再鹹一點，燉煮後就會剛好！
❹ 滷雞腿不能用大火滾，肉質易柴且表皮易破。
❺ 若用電鍋者外鍋1杯水，跳起燜10分鐘，取出內鍋泡2小時。

course

4

台式滷爌肉

預先滷好一鍋肉備著，
要開飯前加熱，
隨時就能成就美味的一餐！

〔材料〕（4～6人份）

豬五花肉…700 克
水煮蛋…5 顆
蔥…3 根
薑片…3 片
蒜頭…6 瓣（60 克）
乾辣椒…15 克

Tips……………………………
可換新鮮辣椒。

中藥材
八角…1 顆
月桂葉…1 片
花椒粒…20～30 粒

調味料
醬油…200cc
水…750cc
米酒…50cc

Tips……………………………
醬油：（水+米酒）為1：4

冰糖…1.5 大匙

〔作法〕

1　五花肉切寬3公分厚片、蔥整條綁起來（取出方便）、薑切片、蒜頭去蒂頭備用。

2　鍋內不放油，大火煎至兩面焦赤。

3　倒掉多餘的油，爆香蔥、薑、蒜及乾辣椒。

4　接著加入冰糖、醬油炒至上色。

5　將作法4加入中藥材、50cc米酒及750cc水（水要能淹過食材），大火煮滾撇去浮沫，轉小火燉煮1.5小時（小知識❶）。

6　承上，過濾滷汁（去除滷包、蔥段、蒜頭及薑片）。

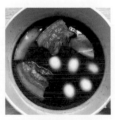

7　保留爌肉及加入水煮蛋。

8　待滷汁放涼，冷藏浸泡1晚即完成（小知識❷、❸、❹）。

小知識

❶滷汁味道要比喝湯再鹹一點，燉煮後就會剛好！
❷放涼燜著食材才能真正入味，這一步不可省。
❸若用電鍋者外鍋3杯水，跳起燜10分鐘即可。
❹滷蛋用浸泡入味的方式，蛋才會夠嫩不過老。

蒜 頭 蛤 蠣 雞 湯

非常好入門的雞湯料理，鮮嫩的雞肉搭配蒜頭湯底，
是我最喜歡的湯品！尤其特別推薦蒜頭不經油炸的作法，
直接下鍋煮才能保持湯頭的清爽不油膩！

〔材料〕（3～4人份）

仿土雞腿肉…1支（700克）
蒜頭…15瓣（150克）
蛤蠣…600克
水…1450cc
米酒…50cc

〔作法〕

1 蒜頭去蒂頭、蛤蠣吐沙
洗淨備用。

2 冷水放入雞肉，中大火
煮滾取出洗淨（小知
識）。

3 雞肉洗淨後，與蒜頭、
水及米酒放入鍋中。

4 大火煮滾後撇去浮沫，
接著轉小火蓋上鍋蓋燉
煮30分鐘。

5 最後放入蛤蠣，轉大火
煮3～5分鐘至全開即完
成。

── 小知識 ──

務必要冷水開始煮
才能將骨頭中的血
沫去除，湯色也較
不混濁。

剝皮辣椒雞湯

同樣是非常好入門的雞湯料理，
帶點微辣感喝起來不僅開胃更能補充體力！

〔材料〕（3～4人份）

仿土雞腿肉…1支（700克）
剝皮辣椒…1罐（450克）
薑片…2片
水…1000cc
香菇水…100cc
米酒…50cc

〔作法〕

1　乾香菇泡水還原、薑切片備用。

2　仿土雞腿放入冷水，中大火煮滾取出洗淨。

3　另起一鍋1000cc冷水，放入雞腿、薑片、米酒、香菇水及剝皮辣椒湯汁。

4　大火煮滾撇去浮沫，接著轉小火蓋上鍋蓋燉30分鐘。

5　最後放入剝皮辣椒，續煮5分鐘即完成（小知識）。

── 小知識 ──

剝皮辣椒最後放才能保持口感。

上海菜飯

味道淡雅，每顆飽滿的米粒都沾附了香腸的油脂，
及青江菜的特殊香氣！如果平常有不愛吃菜的小朋友，
出這道菜絕對能讓他在無形之中攝取大量青菜！

〔材料〕（3～4人份）

米…1.5 杯
雞高湯…1.3 杯
青江菜…5 株
香腸…4 條
蒜頭…3 瓣

調味料
鹽…1/2 小匙

Tips
青江菜會微微出水，煮飯的水量可以比平常少一點（約1：0.9）。

〔作法〕

1 白米洗淨、蒜頭切末、青江菜切小粒、香腸切小丁備用。

2 鍋內下1大匙油，中火將香腸煎至表面上色。

3 接著加入蒜末爆香。

4 飄香後放入青江菜炒至微軟。

5 最後加入生米及1/2小匙鹽，將每粒米拌炒至均勻沾附油脂備用（小知識❶）。

6 承上，將作法5移入電子鍋，加入1.3杯高湯蒸熟即完成（小知識❷、❸）！

小知識

❶米粒都沾附油脂蒸出來才香。
❷若用電鍋者外鍋2杯水蒸完燜15分鐘。
❸用電鍋者菜葉要燜的時候放，不然炊煮時易黃掉！

扁魚白菜滷

讓人念念不忘的古早味台菜，
燉煮後的白菜軟嫩入味，
滋味清甜讓人難以忘懷！

〔材料〕（4～6 人份）

包心白菜…1 顆（500 克）　　調味料
泡發乾香菇…8 朵（40 克）　　醬油…1 大匙
蒜頭…3 瓣　　　　　　　　　烏醋…1/2 大匙
蝦米…15 克　　　　　　　　白胡椒粉、鰹魚粉、鹽、
扁魚…30 克　　　　　　　　糖…各 1/2 小匙
豬爆皮…40 克
紅蘿蔔…1/4 根（90 克）
木耳…1 片（15 克）
米酒…50cc
雞高湯…400cc

〔作法〕

1 包心白菜剝5x5cm片狀、泡發乾香菇切
絲、蒜頭切末、蝦米洗淨泡水後去尾部
硬殼、豬爆皮泡水泡開、紅蘿蔔切粗條
（口感好）、木耳切絲備用。

2 鍋內下3大匙油，以攝氏160度將扁魚炸
至金黃後壓碎備用。

3 鍋內下1大匙油，
爆香蝦米、乾香菇
絲、蒜末、紅蘿蔔
絲及木耳絲。

4 承上，加入雞高湯、香菇水、大白菜、
豬爆皮、扁魚碎及調味料。

5 大火煮滾，蓋上鍋
蓋小火煮40分鐘
即完成。

後記

事非經過不知難

2019 年對我來説是很酷的一年，因為突破舒適圈當起了斜槓青年，在原有的工作下又多了一個作家的身分！

埋首寫食譜書時，對於「事非經過不知難」這句話深深有感，一本書的誕生該投注多少心力、時間與金錢非事前想像得到的，從菜單規劃、行程排定、攝影器材、鍋碗瓢盆還有成品該如何呈現，再再都需要經過思考！

特別想跟大家分享的是我的桌子，這是花了近 2 個月的時間，翻遍整個臺南才找到理想中的老木桌，完全不經拋光，忠實地呈現其最自然的樣貌，尤其那暗紅色木頭紋理，更能完美襯托中菜的美味與底蘊，真的是讓我愛慘！還有許多美麗的盤子及餐具，也都是特別挑選過的，這些設計的小環節希望大家能用心體會！

寫書的時候常常寫到看日出，也許有的時候（明明就常常）覺得疲憊覺得困頓，但抱怨的話到了口中，轉念一想自己能有這樣的機會，不是該更加努力珍惜，怎麼還有時間去自怨自艾，現在辛苦總比出版後懊悔好吧！

還有拍攝時，每每遇到很麻煩或很難拍的環節，我總是想著，如果我再用心一點、再拍得詳盡一點，那麼在瓦斯爐前的各位就能輕鬆一點！「一本好的食譜不該是讓大家欣賞你有多厲害，而是要讓每個人能跟著食譜，做出一樣甚至更好吃的料理」，這本書完全站在使用者的角度去編寫，所有你該知道的絕不藏私，而且所有的配方都是經過量化，不會有任何「適量」的辭彙出現，保證讓你看得明白，讓你會開瓦斯就會煮！

2019 年 10 月，我把這本書誕生前的酸甜苦辣當成是自己的生日禮物，也希望這本書在 2020 年能發光發熱，幫助更多想學做菜的朋友！

大象主廚

bon matin 125

會開瓦斯就會煮

作　　者　大象主廚
插　　畫　葉祐嘉、孫琳喬
社　　長　張瑩瑩
總 編 輯　蔡麗真
美術編輯　林佩樺
封面設計　倪旻鋒

責任編輯　莊麗娜
行銷企畫　林麗紅
出　　版　野人文化股份有限公司
發　　行　遠足文化事業股份有限公司〔讀書共和國出版集團〕
　　　　　地址：231新北市新店區民權路108-2號9樓
　　　　　電話：（02）2218-1417
　　　　　傳真：（02）86671065
　　　　　電子信箱：service@bookrep.com.tw
　　　　　網址：www.bookrep.com.tw
　　　　　郵撥帳號：19504465遠足文化事業股份有限公司
　　　　　客服專線：0800-221-029

法律顧問　華洋法律事務所　蘇文生律師
印　　製　凱林彩印股份有限公司
初　　版　2020年01月02日
初版20刷　2024年04月18日

國家圖書館出版品預行編目(CIP)資料

會開瓦斯就會煮 / 大象主廚著. -- 初版. -- 新北市：野人文化出版：遠足文化發行, 2020.01
224面; 17*23公分. --（bon matin; 125）ISBN 978-986-384-407-5（平裝）　1.食譜
427.1
108021992

**野人文化
讀者回函卡**

感謝您購買《會開瓦斯就會煮》

姓　名 ＿＿＿＿＿＿＿＿＿＿ □女 □男　年齡 ＿＿＿＿＿

地　址 ＿＿＿＿＿＿＿＿＿＿＿＿＿＿＿＿＿＿＿＿＿＿＿＿

電　話 ＿＿＿＿＿＿＿＿ 手機 ＿＿＿＿＿＿＿＿＿＿＿＿

Email ＿＿＿＿＿＿＿＿＿＿＿＿＿＿＿＿＿＿＿＿＿＿＿＿

學　歷 □國中（含以下）□高中職　　□大專　　　□研究所以上
職　業 □生產/製造　□金融/商業　□傳播/廣告　□軍警/公務員
　　　 □教育/文化　□旅遊/運輸　□醫療/保健　□仲介/服務
　　　 □學生　　　 □自由/家管　□其他

◆你從何處知道此書？
　□書店 □書訊 □書評 □報紙 □廣播 □電視 □網路
　□廣告DM　□親友介紹　□其他

◆您在哪裡買到本書？
　□誠品書店　□誠品網路書店　□金石堂書店　□金石堂網路書店
　□博客來網路書店　□其他＿＿＿＿＿＿＿＿＿＿＿＿＿

◆你的閱讀習慣：
　□親子教養　□文學　□翻譯小說 □日文小說 □華文小說 □藝術設計
　□人文社科　□自然科學　□商業理財　□宗教哲學 □心理勵志
　□休閒生活（旅遊、瘦身、美容、園藝等）　□手工藝／DIY □飲食／食譜
　□健康養生 □兩性 □圖文書／漫畫 □其他

◆你對本書的評價：（請填代號，1. 非常滿意　2. 滿意　3. 尚可　4. 待改進）
　書名＿＿　封面設計＿＿＿＿版面編排＿＿＿＿印刷＿＿＿＿內容＿＿＿＿
　整體評價＿＿＿＿

◆希望我們為您增加什麼樣的內容：

＿＿＿＿＿＿＿＿＿＿＿＿＿＿＿＿＿＿＿＿＿＿＿＿＿＿＿＿＿＿

＿＿＿＿＿＿＿＿＿＿＿＿＿＿＿＿＿＿＿＿＿＿＿＿＿＿＿＿＿＿

◆你對本書的建議：

＿＿＿＿＿＿＿＿＿＿＿＿＿＿＿＿＿＿＿＿＿＿＿＿＿＿＿＿＿＿

＿＿＿＿＿＿＿＿＿＿＿＿＿＿＿＿＿＿＿＿＿＿＿＿＿＿＿＿＿＿

23141
新北市新店區民權路108-2號9樓
野人文化股份有限公司 收

請沿線撕下對折寄回

野人

書名：會開瓦斯就會煮

書號：bon matin 125